新版

明石海峡大橋

夢を実現し、さらなるロマンを追う

島田喜十郎＝著

鹿島出版会

発刊によせて

神戸淡路鳴門自動車道は、神戸西 IC で山陽自動車道と接続し、垂水 JCT を経て明石海峡を渡り、淡路島を縦断し、鳴門海峡を渡って徳島県鳴門市で高松自動車道と接続する全長 89km の自動車専用道です。

このうち最も長い橋長を誇る明石海峡大橋は、1957（昭和32）年に神戸市議会に明石架橋調査費が上程され、その後の紆余曲折を経て 1985（昭和 60）年 12 月に事業化が決定され、1988（昭和 63）年の工事着手以来約 10 年の歳月を経て、橋長 3,911m、中央支間 1,991m の世界最長の吊橋としてその壮大で優美な姿を明石海峡に現しました。

この事業は、その規模において、また架橋地点の自然条件の厳しさにおいて世界有数のプロジェクトであり、多くの人々の英知と努力によって、さまざまな技術開発を重ね、わが国の土木技術の集大成として完成したものです。

本書の著者は、神戸市の職員として、また本州四国連絡橋公団への出向を通してこのプロジェクトに携わった土木技術者です。

著者は、橋の完成時（1998 年）に、神戸市の夢のかけ橋時代からの苦労話や架橋地点周辺の移り変わりなどをまとめた『明石海峡大橋－夢は海峡を渡る－』を出版されました。

本書は、前作の内容を網羅しつつ設計の技術的検討内容や架橋後の維持管理にも言及し、世界遺産登録の夢を盛り込んだ内容であり、技術者として一読の価値があるものとなっています。

神戸市は、今年神戸港開港 150 年を迎えます。この間、港とともに発展してきました。今後、明石海峡大橋もまた 100 年、200 年と長く神戸の発展に寄与し続けることと確信しています。

2017 年 3 月

神戸市副市長
鳥居 聡

舞子側からの優美な明石海峡大橋

推薦のことば

夢のかけ橋・明石海峡大橋、その夢は多くの人々の努力でようやく実現した。

本書の著者、島田喜十郎氏もその中のお一人である。京都大学で橋梁工学を学び、明石海峡大橋実現の夢を持って神戸市役所に入られた。

世界水準をはるかに超える巨大吊橋を大水深・急潮流の明石海峡に架ける。本当に可能なのか、そのためにはどんな技術開発が必要か、神戸市役所では懸命な調査がすすめられていた。島田氏はそのチームに入り、以来、人生の大半を明石海峡大橋の技術調査、建設促進業務と共に歩むこととなる。

私が島田喜十郎氏の名前を初めて知ったのは 1970(昭和45)年頃である。当時、国内最大級のアーチ橋・神戸大橋の担当技術者としても活躍されていた。私は建設省（現・国土交通省）から兵庫県庁に出向中の新米技術者、島田氏の先進的取組みの発表論文を読み、神戸市役所には島田さんという凄い橋梁エンジニアがいらっしゃることを知った次第である。

その後、私自身も明石海峡大橋事業に深く携わるようになり、島田氏から多くを学んだ。明石架橋構想提唱者の原口忠次郎神戸市長のもとで、どのように技術検証をすすめていったのか、架橋運動・事業化をどのようにしてサポートしていったのか、調査設計の実務も含めて島田氏のお話は具体的で大変参考になった。そして架橋実現にかけたその熱意に感服したものである。

橋の完成後、20 年近くになったいま、夢の草創期から橋完成までを自らの経験として語れる人は島田氏以外には見当たらない。この書は、その実経験を踏まえた貴重な書である。ご自身がかかわった架橋の歴史を後世に語り継ごうとする使命感にも敬意を表したい。

この書は技術の専門書ではない。技術開発に挑戦し、夢を追いかけた人々の記録である。我々の生き様にさまざまな示唆を与えてくれるものと信じる。

ぜひ多くの人に読んでいただきたいと思う。

2017 年 3 月

元・本州四国連絡高速道路株式会社 副社長
土木学会 名誉会員
星野 満

淡路島側からの雄大な明石海峡大橋

目　次

まえがき

明石海峡大橋は、中央スパン 1,991m（全長 3,911m）の世界一の長大吊橋であるが、その架橋発想から実現するまでの間には数多くの物語がある。さらに、完成してからも巨大な雄姿にまつわる話題とともに、今後の経年管理上の課題もでてきている。

これまでに工事上のことは多く語られてきているが、その前段の「夢のかけ橋」といわれていた頃のことは、時が経つにつれて忘れられてきている。

橋の雄姿は海峡にすんなりとおさまり、周辺の景観とともに多くの人々から親しまれている。橋の通行利用者からも利便性と快適性の声がよく聞かれる。

一方、良好な経年管理による長寿を保つ願いもでてくる。このようなことから橋守の人たちにも目をむけて、その努力を見守ることが今後重要になってくる。

橋が完成して 10 年以上経た間に、著者は橋の科学館で橋のマイスター（ボランティア解説員）として活動した。そのとき来館者から得た多くの明石海峡大橋に関する質問や関心等をまとめて、4 回にわたり明石海峡大橋の特別講演を行った。

講演は、明石海峡大橋が「夢のかけ橋」といわれていた頃から完成までの全般を通じた内容と、さらに将来の経年管理の重要性について、多くのパワーポイントの画像を用いて行った。

明石海峡大橋が「夢のかけ橋」といわれていた頃、著者は神戸市の調査室で海外の長大吊橋の技術導入に関する調査、研究を行っていた。当時の語学力不足を思い出しつつ、多くの海外長大吊橋を訪ねてみたい思いから、定年後に6カ国での海外語学留学を行った。

これはかつての「夢のかけ橋」時代に海外長大吊橋にあこがれた思いと、視点を変えて多くの橋を見る拠点を設けるためであった。そのことを織り交ぜて講演のときにお話しをしたところ、講演後の質問、アンケート等で多くの関心を寄せていただいた。

その際、神戸市の調査室で発行した明石架橋資料の『調査月報』にもふれており、明石架橋の前史として興味を持ってもらったことに気づいた。

そこで「夢のかけ橋」時代から架橋に対する暗中模索、試行錯誤の調査、研究、検討等を経て、やっと工事にたどりつき、さらに完成後の橋守の人たちの経年管理の努力や挑戦について、語り部として筆を執ることにした。

本書では、約 10 年間にわたる橋の科学館でのボランティア解説員としての活動経験に基づき、来館者との会話、質問等から得たものを盛りこみ、技術的なものに偏らず、一般の方にも親しんでいただけるように心がけた。

各章に掲載した画像のほとんどは講演時に用いたもので、明石架橋の歴史的な流れやエポックに興味を持っていただけるようにした。

明石海峡大橋は、本州四国連絡橋公団の長大吊橋の技術が結集されたもので、多くの技術成果を生みだした。明石海峡大橋が世界一の長大吊橋であることは、すでにギネスブックに載っている。

将来に向けて、さらに良好な経年管理によって200年以上の長寿を保ち、世界遺産として登録されることを願いたい。この夢は、明石海峡大橋が「夢のかけ橋」といわれていたときよりも実現性が高いと思われる。ロマンに満ちた夢にむけての気運が、本書の出版を機に盛りあがることを期待したい。

2018年7月

島田 喜十郎

明石海峡大橋（東側よりの眺め）

明石海峡大橋（西側よりの眺め）

夢を実現し、さらなるロマンを追う

▲明石海峡大橋（淡路島側からの眺め）**

1998（平成10）年4月5日完成。
中央スパン1,991m、橋長3,911m（世界最長）
工期10年、工費5,000億円

［写真提供］
＊：神戸市
＊＊：本州四国連絡高速道路株式会社

▲神戸港開港150周年記念式典（2017年）*

▼空から見た神戸港の中心部*

▲明石海峡大橋と舞子側の新景観*

▼神戸淡路鳴門自動車道全通20周年記念式典**

▲ケーブルの点検作業**

▲淡路島側から見る明石海峡大橋の全景**

◀パールブリッジこと明石海峡大橋の夜景**

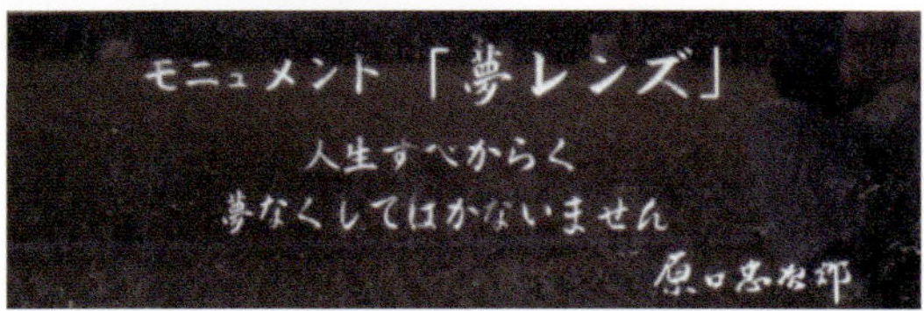

夢レンズ：原口忠次郎さんの明石架橋にかけた情熱を顕彰し、架橋完成5年後にかつての神戸市会での言葉“人生すべからく夢なくしてはかないません”を刻んだ記念碑が多くの人からの募金を得て、明石海峡に面した公園に建立された。

I

明石海峡大橋にかけた夢とロマン
―海峡に夢を託した日々―

■「夢のかけ橋」の始まり

明石海峡大橋が「夢のかけ橋」といわれていたときから実現までのストーリーは長い。さらに、長寿橋をめざした橋守の人たちの経年管理の挑戦も、多くの新しい物語を生みだすことと思われる。

明石海峡大橋について、夢のかけ橋時代から架橋建設工事、すでに始まっている経年管理の流れに沿って述べることはあまりにも膨大で難しい。しかし、期待に満ちたダイナミックな架橋建設工事については多く語られており、わが国の架橋技術レベルの高いことがよく知られた。

橋も日が経つにつれ、海峡にすんなりおさまり、その美しい姿からは、工事の苦労話はうすれてきている。ましてや昔話になってしまった夢のかけ橋時代のことは消えてしまっている。

明石海峡だけの単独架橋では迫力がない。賛同者も少なくパワーが足りない。海峡の眺めと淡路島の遠望から限りない夢がわき出る。この夢を四国へもつなげたい。

夢のかけ橋時代に明石海峡を眺めていると、遠い昔に詩歌にうたわれた、のどかな風景が浮かんでくる。かつてこの海峡に吊橋の夢を重ねて実現の思いを抱くが、荒天の海はそのような思いを吹きとばしてしまう。しかし遠く淡路島、四国の人たちの思いが重なってくると架橋の夢がよみがえる。

架橋前の明石海峡

淡路島の岩屋と明石を結ぶ連絡船は、通勤、通学などの日常生活に欠かせない。海難事故が架橋の必要性を訴える。島の人々の望みと不安が交錯する。

海難事故犠牲者の塔

1945（昭和 20）年 12 月 9 日の朝、明石海峡連絡船せきれい丸が、悪天候と定員オーバーによって転覆、304 人が犠牲になる悲劇があった。

海上安全を願って遭難者の遺族や生存者の手で明石海峡に近い丘の上に建てられた「せきれい丸遭難者合掌之塔」（淡路町岩谷）。

架橋前の鳴門海峡
うず潮のない静かな鳴門海峡の眺めは平凡であるが、うず潮が発現すると一変してダイナミックな海峡になる。ここに橋ができると、うず潮が橋と共演し新しい景観が創出される。海峡をわたる送電線が橋の建設の可能性を示している。

昭和のはじめ頃に、鳴門海峡に橋をかけて淡路島に渡り、陸路と明石海峡の海路をつないで、本州にわたる構想を提唱した男がいた。原口忠次郎である。これは 1940（昭和 15）年の話で、当時わが国には戦雲がただよいかけており、鳴門海峡に橋をかけ敵に破壊されれば、瀬戸内海への航路遮断となり、国防上大問題になるということで立ち消えになってしまった。

鳴門海峡に橋をかける話は新聞記事に残っており、さらに調べてみると、ここからは明石架橋につながる熱気も感じとれる。その男がのちに神戸市長になって「夢のかけ橋」を提唱した。神戸市会の埋もれた会議録を読むと、大変な苦労をして、明石架橋を推進したことがにじみ出ている。

その頃、神戸市を活性化させるために開催した博覧会がおもわしくなく、大きな損失を出し、市の財政を大きく圧迫していた。こともあろうに財政悪化の最中に明石架橋の提唱である。

市会での論戦は白熱して、架橋の賛同者は少ない。そのとき、議場で原口市長は「人生すべからく夢なくしてはかないません」を発した。のちに残る勇気ある言葉である。

紆余曲折を経て、1957(昭和 32)年に庁内に明石架橋と都市計画マスタープランを検討する局長級の調査室が設置された。その後も架橋促進は急速には進まないが、草の根的な努力が重ねられていく。

その大構想は神戸市が神戸港の港湾管理者である立場からでたもので、日が経つにつれ、賛同者も増え、架橋の輪は大きく広がっていき、力を増していく。

明石架橋は世界でも例のない大きな仕事であり、特に当時のわが国の架橋技術ではほとんど実現不可能な計画である。技術も金もない。あるのは情熱だけであるが、ひたいを寄せあい知恵をしぼり出す。技術は外国技術導入で、金は外資導入、外国からの借金というアイディアである。

この手法を用いれば、小さい神戸市でもやれる勇気がわいてきて、元気に架橋促進に走りまわることができる。絵に描いた餅にはしたくない。ローカルプロジェクトが熟していく。勢いも増してきた。

明石架橋の発想の原点とした神戸港も拡大整備されてきた。「山・海へ行く」の開発手法を用いて、ますます神戸港は大きくなり、設備が近代化し、コンテナ埠頭も生まれた。

神戸港のヒンターランド（後背地）への道路網の整備もせかれるようになってきた。そのようなことから、明石架橋はどうしても必要であることが認知されるようになってきた。

架橋技術は海外の長大吊橋を調べ、資料を入手し、努力すれば可能性ありの光が見えてきた。庁内の架橋促進を担当する調査室から、毎月発行する海外の長大吊橋の技術資料を翻訳、掲載した明石架橋資料の『調査月報』も長大吊橋の技術資料の少ない国内で、貴重な存在になってきた。

架橋促進関係の資料の充実にともない、技術的な不安については、工学博士の学位を持つ原口忠次郎市長が自信に満ちた説明を行い、日ましに架橋熱が盛りあがっていった。

この架橋の盛りあがりに併行して漁業や海事関係者にも手抜かりのない対応が求められる。これについても問題点があり、慎重な調査、研究が必要であった。

国際航路である明石海峡に橋ができると、大型船の航行に対して、問題がでてくることが早くから懸念されていた。これについては、神戸市が当時の神戸商船大学（現神戸大学海事学部）に航行上の調査検討を依頼し、問題点の把握に努めていた。

一方、漁業関係については、神戸港の港域拡張に伴う海面埋立事業での漁業補償等の交渉の中で、さりげなく明石架橋に関する意見等を聞いたりしていた。

海外長大吊橋技術の調査研究とともに、架橋現地に関連する事項等の幅広い取組みによって、明石架橋計画の成熟が感じられるようになってきた。

兵庫県、徳島県も架橋に賛同し、明石架橋、淡路島の島内高速道路、大鳴門橋ルートのローカルプロジェクトが形成された。合同での建設促進運動も軌道にのり、各地元では活発な運動が展開されていく。

なにかのイベント、会合などを見つけては逃さずきめ細かな PR 活動を行い、熱気を盛りあげていく。政府関係機関へも積極的に陳情をくり返し行うようにする。大阪・千里で開催されている万国博覧会の会場へも出向き、すき間のない PR 活動を展開する。

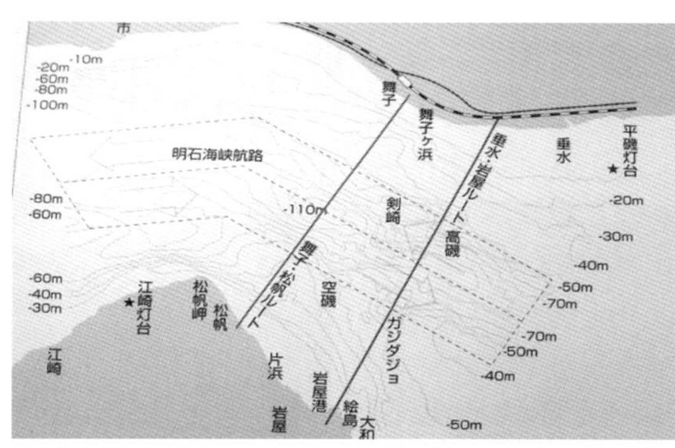

明石海峡架橋比較検討ルート図

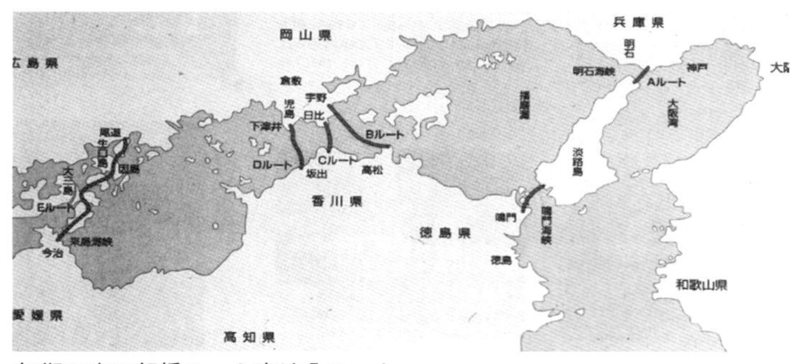

初期の本四架橋ルート案は 5 ルート

夢のかけ橋時代には、本四架橋は中央のルートが比較 3 ルートあり、東から 5 ルートに対して A～E のルート名がつけられていた。

中央の 3 ルートが土木学会の検討答申で 1 ルートに集約されたが、いまも原案名が残っている。

A ルート：経済優先阪神直結（道路専用橋）／D ルート：鉄道併用橋（在来交通体系）／E ルート：離島振興橋（生活道路併設）

実務面では、下部工の設計はアメリカ、上部工はイギリスのコンサルタントへの設計発注についての基礎的な情報、資料の収集を、商社を通じて行っていた。

建設費については、神戸港のポートアイランドの初期の埋立用土砂の工事費を調達するために、ドイツにマルク債を発行したノーハウをさらに研究し、海外からの資金調達の目途をつけるようにしていた。

神戸市の明石架橋に対する行動は過熱していき、外部からみれば、ややもすると独走、暴走の様相を呈しているように感じられてきた。岡山県・香川県の提案する瀬戸大橋ルート、広島県・愛媛県の西瀬戸ルート（現在の瀬戸内しまなみ海道）も建設促進運動が活発になってきた。

このような力強い瀬戸内の架橋実現運動を進めるうちに、ナショナルプロジェクトとしての動きもでてきて、鉄道建設公団、建設省（当時）が現地調査を始動させ、やがて実務が日本道路公団に引きつがれ、ついに 1970（昭和 45）年 7 月

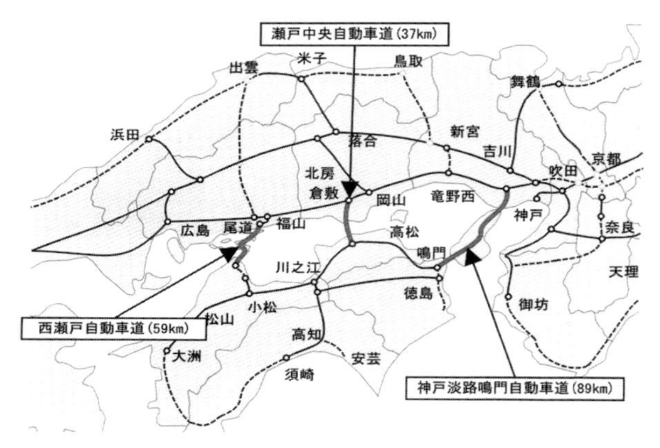

本州・四国地域の高速道路ネットワーク

1 日に本州四国連絡橋公団（以下略称・本四公団）が発足した。

明石海峡大橋だけでなく、他ルートの架橋も早期着工を目ざして、架橋促進運動が一段と熱をおびてきた。

■海峡に橋の夢を託し、暗中模索、試行錯誤にもえる日々が訪れる。明石架橋の始まり

明石架橋が提唱された頃、神戸の街の中は戦災復興の事業も思わしくなく、労働集約型の失業対策事業が行われており市民生活は大変な時期であった。社会基盤の整備も遅れており、道路は未舗装で砂利道が多く、川には木橋が多かった。

神戸港に外国船が入港しても、荷役が機械化されておらず、人力に頼る非効率で危険な作業が行われている。外国船は長旅をして神戸港に入る。岸壁に接岸中は荷役作業があわただしい。停船期間が 1 週間以上もあるので、その間船員はその作業を退屈そうに眺めている。

船は石炭を焚くので黒煙を出しており、接岸している突堤は荷役で戦場のように混雑し、重量物の貨物の取扱いで危険きわまりない。港域には税関の目も光っており、一般市民が近寄れるような場所ではない。

海外のコンテナ化された港の写真を見ると、港の活動が活発で貿易によって経済が活性化し、港域全体が活気にあふれ別世界の感じをうける。

その頃の神戸港の臨港地区は税関の監視のもとに、はげしい重量貨物の荷動き、鉄道貨物の荷扱い、動力を持たない小型木造船のハシケ（艀船）による非効率な荷役など、時代遅れの特殊地域の様相を呈していた。

はやく新しいコンテナ化された港になり、経済の成長と文化の発信される場所になって、外国との接点としての雰囲気がかもしだされるようになってほしい。これによって神戸の街も明るい国際港都として発展してほしい。

神戸港が近代化、整備拡大し、港からはヒンターランドへの交通網が整備され、外国にあるような高速道路の夢を描く。しかし現実は砂利道で自動車の走っていない狭い道が多く、とても外国にあるような光景は描けない。

淡路島や四国では過疎化が進み、農村地域の開発、発展の未来像はなかなか描けない。時間をかけて将来を見通し、都会とバランスのとれた発展の検討が必要である。これには神戸港のヒンターランドへの交通網の整備が不可欠で、日本列島改造論の大きな夢が展開する構想も必要である。

神戸港のヒンターランドへの道路網計画で必要な明石架橋は、雑誌などで外国の長大吊橋を眺めて、思いを巡らせている程度で、とうてい実現しそうにない思いが強い。

原口神戸市長による明石海峡に架橋する提唱は、神戸港の港湾管理者としての広域的立場を利用するが、神戸市単独ではパワーが弱く、ひとり相撲になってしまう。

神戸港の神戸ポートタワー

1963（昭和35）年に建設された神戸ポートタワーは港のシンボル的な存在で、神戸港の近代化・整備拡張の旗振りをしている。

初期の明石架橋の取組みは、外国の長大吊橋の情報に接し、ひたいを寄せあって可能性を話しあっているようなありさまである。関係地域と連携した草の根運動が必要である。

日本には外国にあるような長大吊橋の技術はない。わが国にそれを建設するには、明治時代のように、外国の技術者の手助けをうけながら進むしかないような思いがする。

なんとか長大吊橋に関心を持つ技術者を増やしたい思いで、『調査月報』の発行に取組み関係先に配布するが、わが国の橋梁技術との大きな格差を感じる。

どうしても海外へ出て、手の届かない長大吊橋をこの目で見たい。日増しにその思いが強くなるが、それは不可能に近い。

やればやるほど明石架橋は難しいという思いがして、夢が遠のいていく。日々の仕事が空回りし、目標がぼやけてくる。このような時に、少しでも理解してくれる人に出会えると元気がわいてくる。

世間の雰囲気から「夢のかけ橋」という言葉が出てきたが、まだ夢よりはるかにぼやけた空虚な雰囲気がただよっている。

手の内には何もない。意識の中だけでも形のあるものにしたい思いがする。あせりもでてきて手さぐりの時間が過ぎていく。

『調査月報』に掲載する海外長大吊橋の技術資料では、日本語に翻訳する適切な技術用語が見つからず、技術の内容が理解できないことが多くあった。

論文ともなれば、大学の先生に用語等を聞いても返答のないことが多々あった。これによって、長大吊橋に関する日本と海外との技術力の差をますます痛感することになる。

しかし『調査月報』の発行をつづけていくうちに、海外の長大吊橋の技術資料の蓄積が増え、橋の型式をはじめ工夫されている構造部分や特殊な技術が系統的にわかりかけ、徐々に理解も進み、イメージ画を描くまでになる。それを明石海峡にあてはめ、構想を練るようになってきた。まだ周囲には明石架橋の理解は得られていない。

神戸港の整備・発展は、港を中心にして東部と西部の海岸部の埋立てを行い港域の拡大が進んできた。明石架橋の必要性と建設促進を訴える要因も増え、さらに神戸港に関連させる道路網の整備等の架橋促進資料も充実してくる。

明石架橋の仕事はまだ孤立した状況であるが、その時の支えは『調査月報』から得る技術情報により、明石架橋の可能性を精力的に見いだしていくことである。新しい『調査月報』の発行のたびに、気を引締め架橋実現への意欲をかき立てる。

明石海峡に橋の夢はふくらんでいく

「夢のかけ橋」は1940(昭和15)年に鳴門より発し、実現していく

◆架橋構想は鳴門よりスタートし、明石架橋へとふくらんでいく

原口忠次郎神戸市長が「人生すべからく夢なくしてはかないません」を神戸市会で発し、神戸港の港湾管理者の広域的立場を活用して、明石架橋建設促進を展開させていく。

鳴門海峡に架橋
四國―淡路―本土をむすぶ
内海に劃期の大工事
日本最初の海上橋
瀬戸内海航路改修工事
鳴門海峡橋梁連絡工事

原口忠次郎神戸市長（左）と1940(昭和15)年内務省神戸土木事務所長のときの鳴門架橋構想新聞発表記事（右）

◆架橋構想時点の明石海峡

明石海峡の晴れた日の眺めは、平安の詩歌の情景から、淡路島の神話の国へと想いが巡る。海峡は大型船が航行する国際航路で、豊かな漁場にもなっている。ここに橋を架け、淡路島・四国の地域開発、経済発展を神戸と共有したい。

海峡の眺めから向こうの島へ渡りたいという好奇心がわく

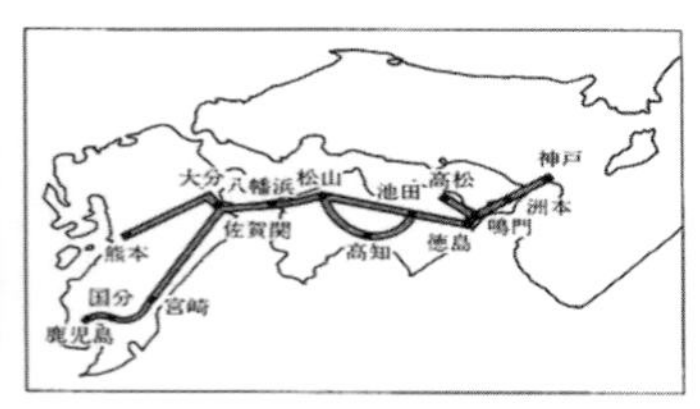

南日本国道構想図（神戸港の港湾管理者の立場からの神戸市試案）

◆神戸港の昔の風景

海外からはコンテナ荷役施設化の波が押し寄せている。港内も手狭になってきている。1963（昭和 38）年に完成した神戸ポートタワーが神戸港の近代化の旗振りをしている。

明石架橋構想の発端は、神戸港の発展をめざして始まる。〔1955（昭和 30）年頃の神戸港〕

神戸港は近代化と拡張が望まれる

◆昔の荷役方式と港湾の岸壁図

神戸港は鉄道によるヒンターランドへの輸送体系が中心で、荷役は非効率な人海戦術が多い。機械を用いた荷役は一部に限られ、夜間作業は危険でできない。

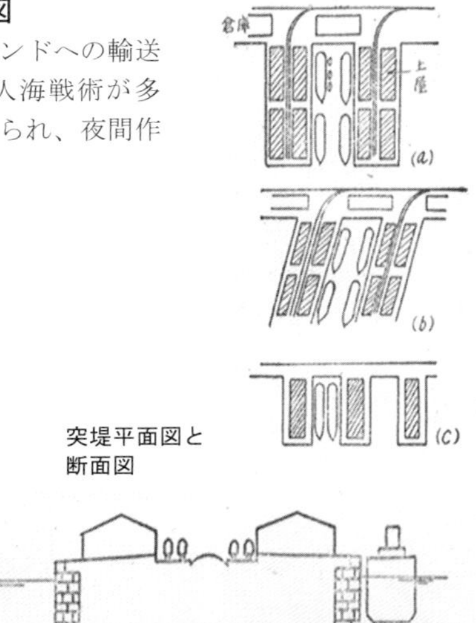

突堤平面図と断面図

本船クレーンのバナナ荷下ろし

バナナの人肩運搬

◆昔の港の点描

突堤方式の荷役では、船から鉄道への荷物の積替えに時間がかかる。バラ荷が多く、効率が悪い荷役業務になる。コンテナ埠頭化の必要にせまられている。

◆突堤の接岸荷役

神戸港内の人・物の動きや流れは、陸・海の接続点のため停滞しがちである。港湾施設は古く、非効率的で、貨物量の増加に対応できなくなってきている。突堤荷役方式は、貨物船のクレーンで荷物の積み下ろしをし、突堤の上屋に一時保管する方式である。

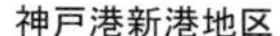

神戸港新港地区

◆神戸港の税関施設

港湾地区は税関の監視があり、その境界線はフェンスなどで市街地と区別され、人と物の出入りがチェックされている。臨港地区内は国外の様相を呈している。

税関前周辺

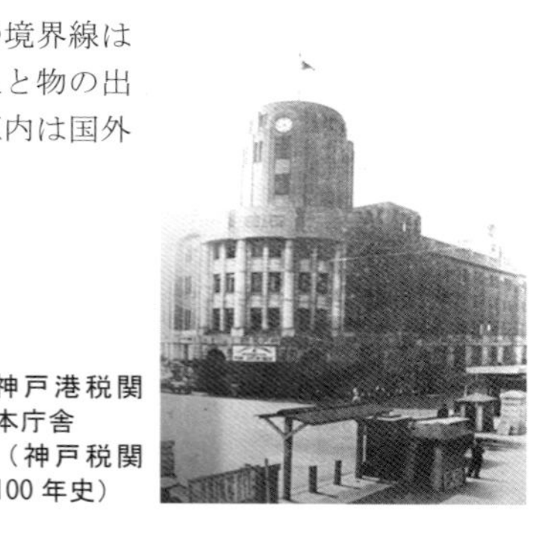

神戸港税関本庁舎（神戸税関100年史）

◆税関通路監所と周辺の港湾施設

神戸港の歴史をふり返ると、今では文献を見ないと説明できない情景がある。外国貨物船入港時には港内は混雑し、通関業務にも大変時間がかかる。

周辺の港湾施設

通路監所

◆突堤内の鉄道貨物引込線

突堤上屋間の鉄道貨物引込線

船の貨物は、接岸岸壁から突堤の上屋に荷揚げされ、鉄道貨物車でヒンターランドへ輸送される。

突堤から貨物車は神戸港に隣接する貨物操車場にいったん送られ、行先方向別に仕分けされる。また輸出貨物も鉄道によって搬入され、上屋に保管される。貨物操車場での車輌編成時間が長い。

陸上輸送のトラックは少なく、ヒンターランドへの高速道路の輸送体系の確立が必要となる。

明石・鳴門の海峡に早く橋がほしい

◆神戸港ヒンターランドの交通網のモデルとしたサンフランシスコ湾

サンフランシスコ湾には 7 つの長大橋があり、ゴールデンゲート橋と明石架橋を並べて、神戸港の港湾管理者の立場からの構想を練る。また、瀬戸内海も視野に入れ、他の 2 ルートの必要性も理解している。

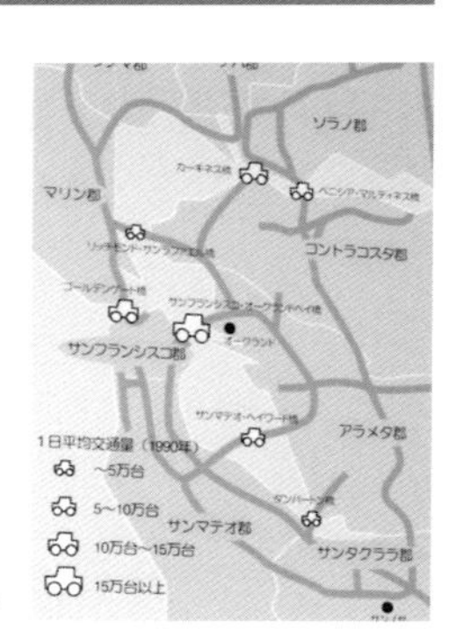

湾内に 7 つの長大橋がある

サンフランシスコオークランドベイ橋

ゴールデンゲート橋

◆明石海峡大橋架橋前の明石海峡

明石海峡だけの単独架橋では迫力がない。賛同者も少なくパワーが足りない。明石海峡周辺は万葉の時代から風光明媚で温暖な生活環境があり、歴史的な語り伝えが多くある。海峡の眺めと淡路島の遠望から限りない夢がわきでる。この夢を多くの賛同者を得て、四国へもつなげたい。

舞子側から淡路島を望む

淡路島側から舞子地区を望む

◆架橋前の舞子周辺の海岸

晴天の明石海峡には大きな夢を描けるが、荒天の海峡は恐れを抱かせ、夢はしぼんでしまう。海峡周辺の景観、環境が明石架橋の姿を点景物としてほしがっている。

海からの舞子地区の遠望

舞子海岸

架橋位置の舞子周辺

◆舞子周辺の文化財群

明石海峡は昔から海運の要衝で、周辺には文化財が多くあり、舞子海岸を望む高台の古代遺跡や明石海峡の海運上の重要性を物語る砲台跡小公園などがある。また、海の幸にも恵まれた住みやすいところでもある。新しい架橋はこれら古い文化財とも共存してほしい。

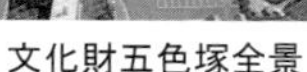
文化財五色塚全景

大蔵山遺跡

海岸部の砲台跡小公園

◆淡路島への連絡船基地の明石港

明石海峡横断船は海象、気象の影響をうける。繁忙時には乗船待ち時間が長くなり大混雑する。架橋により、この時間の短縮と運行の定常性の確保が実現する。明石港は漁港でもあり、とれた魚は近くの明石・魚の棚商店街で売られている。また、対岸の岩屋港も漁村になじんだ営みがある。

海峡連絡船

国道フェリー

タコフェリー

◆架橋前の淡路島

淡路島は地理的に大阪・神戸に近く都市化志向が強いが、過疎化が進んでいる。明石架橋は島民の根強い願望で、またひそかに架橋による地価の高騰も望んでいる。

明石港と結ぶ淡路島岩屋港

1965（昭和 40）年頃の
淡路島の風景

山間部の高速道路予定ルート

◆架橋前の鳴門海峡の点描

鳴門海峡のうず潮は観光客には人気があるが、急潮流・海底地形、地質等により、設計・工事の技術面で苦労が多くある。海岸ではのどかな風景が見かけられる。

淡路島側の門崎半島先端部の砲台跡

鳴門海峡は巨大なうず潮に加えて海峡がすばらしい。ダイナミックな景観に大鳴門橋をプラスしたい挑戦心がうず潮のようにわき上がる。

神戸の街は六甲山の治山・治水が重要課題

◆神戸市の市街地形成の地形特性

神戸の街と港は共存共栄で、地の利を得て発展してきた。六甲山の山並みに抱かれた港は水深が深く、季節風に守られ、明るい陽光で国際港都を形成している。冬の西からの季節風は、西方にある山で防がれ、六甲山からの北風は港のゴミを沖へ吹き流し、良好な港の条件をつくっている。

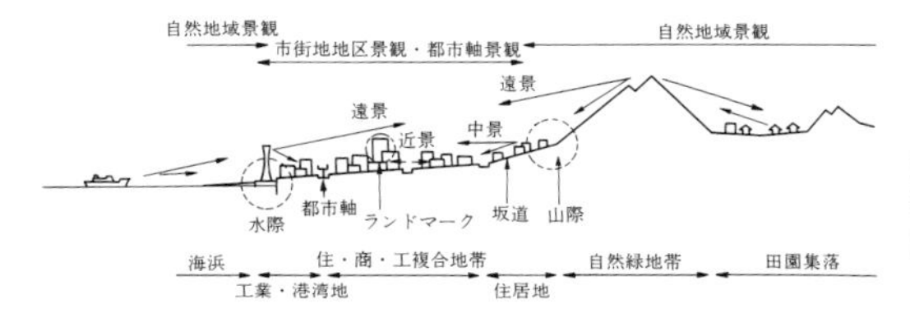

陽光が六甲山にはね返り、南斜面市街地に明るい雰囲気をかもしだす

◆六甲山の土石流防止対策

神戸の発展に重要な六甲山は、風化花崗岩の山塊で治山・治水の課題をかかえている。街は南面傾斜地に東西に細長く発展し、ここには小河川しかなく、大きな橋はない。また、水道水の確保も難しい。

大正時代頃のはげ山の砂防植林工事

植林の成果〔植林 10 年目・1913(大正 2)年〕

治山治水工事も進む

◆1938(昭和 13)年に大水害が発生

神戸の市街地の発展過程で、六甲山の治山・治水を怠ると大変なことになる。かつて市街地は豪雨による山麓崩壊、土石流、鉄砲水、浸水などの大被害を受けている。

河川の氾濫

住宅街の浸水

◆1968(昭和 43)年に同じような水害発生

災害は忘れた頃にやってくる。天災とはいえない水害の発生。六甲山の山麓から神戸港までの市街地で、土砂崩れ、転石の流下、流木、浸水などの複合災害の様相を呈する。

1938(昭和 13)年と同じような水害発生（三宮地区）

六甲山の山くずれ

◆六甲山の開発規制強化と河川の治水整備事業

神戸の川は小河川で流路が短く、天井川が多い。平時は水が流れていないことが多い。防災の治山、治水工事に加えて、親水公園的な小河川整備も必要である。

清流の道公園（住吉川）

神戸港の近代化・拡張整備が進む

◆神戸港の瀬戸内海・西日本地方への港勢の拡大

神戸港を西日本の海外貿易の拠点として整備拡充しなければ、貿易立国としての将来はない。瀬戸内をサンフランシスコ湾に見立てたような広域的開発、発展の構想も必要である。

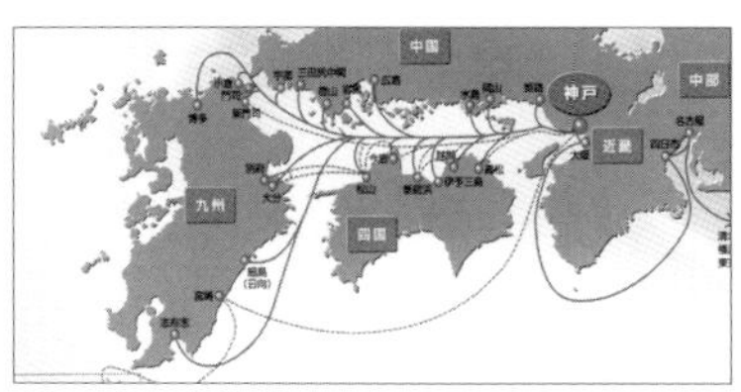

神戸港の港勢拡大には海路と陸路の両交通視野が必要

◆神戸港の埋立工事用土砂運搬システム

埋立土砂は神戸の西部にある丘陵地から採取され、埋立後の平坦になった土地は住宅地として開発された。

土取埋立土の陸上運搬は工事用ベルトコンベアで、海上はプッシャーバージ方式で行われた。海上運搬方式はドイツのライン川で見られるシステムが導入された。

「山・海へ行く」開発システム

◆「山・海へ行く」の工事を生み出した土砂運搬方式

山から海への陸上部の土砂運搬は、工事用ベルトコンベア方式、河中道路、トンネルなどを用いた従来の土木工事の発想を超えたものを採用し、合理的工事が進む。

高架

トンネル

土砂積出桟橋

◆神戸港ポートアイランド埋立造成工事

神戸港内に埋立造成されるポートアイランドに、架けられる神戸大橋は斬新で、当時わが国最大のアーチ橋。ダブルデッキ式のユニークな形式の構造各部に新技術が採用されている（初期の埋立工事費はドイツにマルク債を発行して調達）。

神戸港近代化のシンボルの神戸大橋

神戸港第四突堤部のリフォーム工事

◆突堤の接岸荷役の近代化

自船にクレーンを備えている貨物船の入港はコンテナ化によって少なくなり、旧突堤施設をコンテナ埠頭にするためのリフォーム工事が急速に進む。

クレーンを持つ旧型貨物船

旧突堤施設のリフォーム

摩耶埠頭のコンテナ埠頭化工事

神戸港は日増しに明石架橋を求める

◆神戸港の国際貿易のシンボル的存在の神戸税関

神戸港は、欧米の港のようなコンテナ輸送体系の整備で、世界に通用する港として生まれ変わる必要がある。港湾施設の近代化とともに税関業務も変わっていく。

神戸税関

◆大型荷役クレーンを有するコンテナ埠頭の建設

港のコンテナ埠頭の整備には、埠頭側に大型クレーンと広大なコンテナ置場が必要となる。これにより港の様相が一変するが、荷役作業も機械化され活性化する。

大型の岸壁クレーン

コンテナヤード

◆大型船の入港

港の貨物の取扱量が増加するなかで、その種類も多種多様になってくる。このため特殊専用埠頭が必要となり、港のレイアウトも変わって、近代化を実感する。

神戸港は、自動車運搬専用船岸壁と輸出用自動車の駐車ヤードを持つ。

大型客船が入港すると、見物に港を訪れる人が増える。また街の中は船客がグループで行動するので、国際港都特有の解放的な雰囲気がただよう。

帆船が入港すると、港内は若々しい雰囲気につつまれる。子供連れの家族や見物人の海への思いをかきたてる光景がある。港内観光船も港のイメージを明るくする。

特殊専用埠頭

大型客船クイーン
エリザベス号の入港

帆船の入港

◆神戸市西部の須磨浦海岸

神戸港の西の須磨海岸では海水浴ができる。その西にある明石架橋地点付近は橋の完成を機に、海水浴場、ヨットハーバー、海釣り公園などの海上レジャー施設の整備、新景観創出などの夢もわく。

須磨浦海岸

古典的橋梁から近代橋梁へ、長大吊橋の技術も進歩していく

◆先人の考案した原始的吊橋

材料に植物を用いた橋は耐久性に欠け、強固な構造ができず簡易構造になる。その中に創意工夫の跡がうかがえる。利便性や安全性も考え、洪水にも配慮している。

徳島県の祖谷のかずら橋

中国の古典吊橋

◆橋の種類

橋のタイプは架橋場所によって最適なものが選定される。現場の工事条件もタイプ選定の重要な要件になる。さらに基礎地盤の条件が加わると特殊な橋になる。使用材料によっても、木橋、石橋、コンクリート橋、鋼橋等がある。路面については、上路橋、中路橋、下路橋の分類もある。また、鉄道橋、道路橋、水路橋などもある。

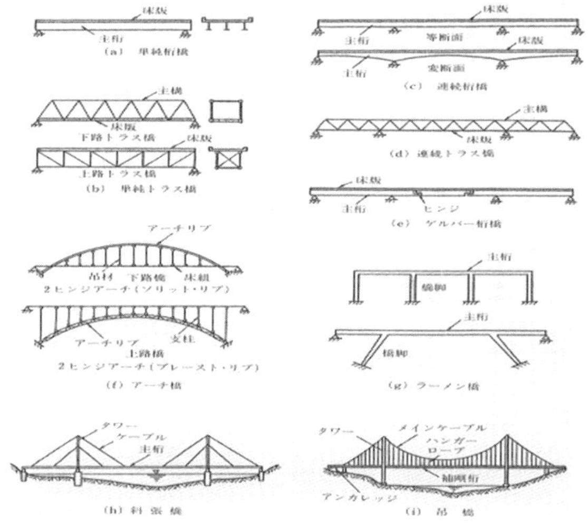

橋の種類（上から）
左：単純桁橋、単純トラス橋、アーチ橋、斜張橋
右：連続桁橋、連続トラス橋、ゲルバー桁橋、ラーメン橋、吊橋

◆吊橋の構造種類

原始的吊橋は材料、構造の工夫を重ね近代的吊橋へと発展してきた。架橋条件で構造に改善を加え大型化、長大化した。構造細部の研究で吊橋型式の種類も増えた。

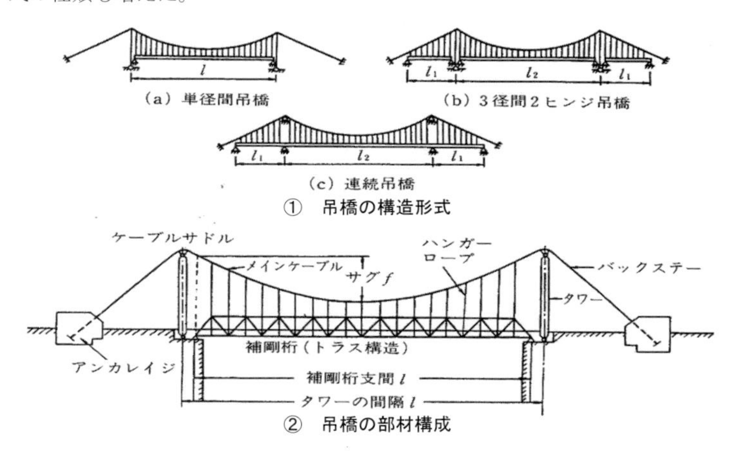

① 吊橋の構造形式

② 吊橋の部材構成

◆長大吊橋の主要構造部の説明図

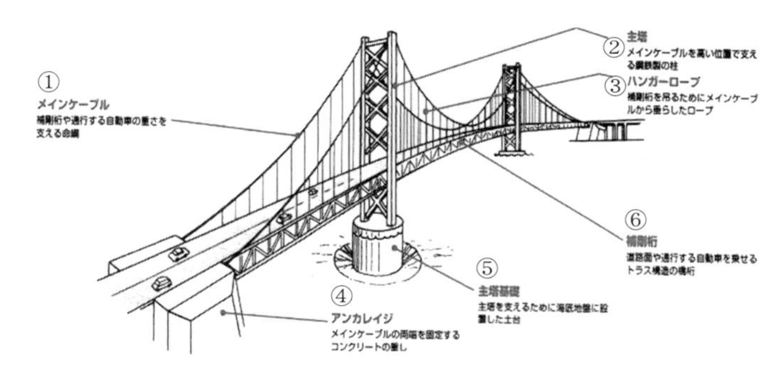

[長大吊橋各部の役割]

① メインケーブル：補剛桁や通行する自動車の重さを支える命綱
② 主塔：メインケーブルを高い位置で支える鋼鉄製の柱
③ ハンガーロープ：補剛桁を吊るためにメインケーブルから垂らしたロープ
④ アンカレイジ：メインケーブルの両端を固定するコンクリートの重し
⑤ 主塔基礎：主塔を支えるために海底地盤に設置した土台
⑥ 補剛桁：道路面や通行する自動車を載せるトラス構造の橋桁

◆日本にも本四架橋前にすでに吊橋がある

明石架橋では海外の長大吊橋に目がむいていたが、日本にもすでに立派な吊橋が存在している。これらの橋の実績が潜在的に長大吊橋の架橋意欲を支えている。

若戸大橋（北九州市）

清州橋（東京）

関門橋（下関・門司間）

海外には明石架橋の見本事例が多くある

◆アメリカの多くの長大吊橋が美しく見えてくる

明石架橋のイメージを模索するなかで、建設中のアメリカのベラザノナロウズ橋から多くの情報を得た。この橋より大きい明石架橋に戸惑うことが多くでてくる。

ベラザノナロウズ橋

サンフランシスコオークランドベイ橋

ジョージワシントン橋

ゴールデンゲート橋

◆イギリスでの長大吊橋の工事計画も伝わってくる

長大吊橋の舞台はアメリカのベラザノナロウズ橋を最後に、イギリスに移る。斬新なイギリスタイプの長大吊橋に惹かれるが、技術情報は少ない。

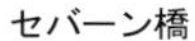
セバーン橋

フォース道路橋

◆長大吊橋の耐風安全性も進歩

風によるタコマナロウズ橋の落橋は、長大吊橋の風に対する研究の重要性をもたらした。新設された新タコマナロウズ橋には、その教訓が十分に活かされている。風洞実験の検討の結果、補剛桁がトラスになり、アメリカタイプの長大吊橋が生まれる。

一方、イギリスでは補剛桁の空気力学的な研究によって、箱型の補剛桁のイギリスタイプの長大吊橋が開発された。

秒速 19m の風で落橋した旧タコマナロウズ橋

新タコマナロウズ橋

◆使用材料による主塔の構造形状

長大吊橋の技術的検討は構造全体系から細部構造へと進む。主要構造の主塔は美観的にもよく目立ち、構造形式、使用材料に数多くの工夫がされている。

鋼製主塔の吊橋

コンクリート製主塔の吊橋

◆ハンガーロープの吊り方

斬新な長大吊橋のタイプには、かくれたところにも工夫の跡が見られる。補剛桁の改善、ハンガーロープの吊り方をはじめ、明石架橋にとり入れたいものが多くある。

鉛直吊り

斜め吊り

海外の長大吊橋に明石架橋実現の意欲がかき立てられる

◆夢のかけ橋時代は中央スパン 1, 500m が限度

海外の長大吊橋を参考にして、模索しながら検討努力し、なんとか明石架橋の実現可能なイメージ図を描くが日暮れて道遠しである。その過程でメインケーブルの強度向上が必須であることがわかる。

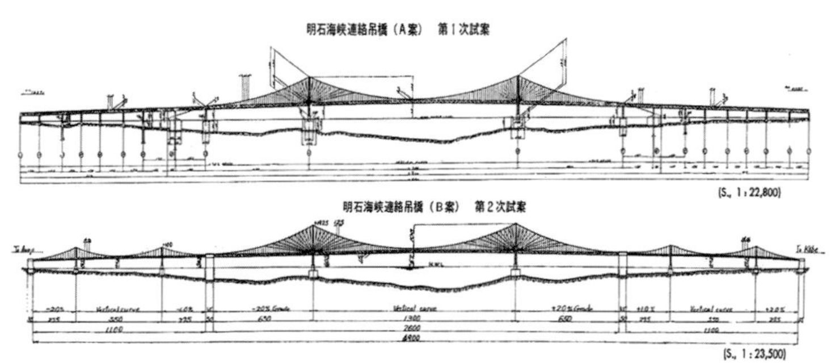

明石海峡連絡吊橋 A 案と B 案

橋のイメージ図

休日の明石海峡

休日には神戸・明石側の明石海峡に多くの釣り人が出ている。海面を眺め、魚影の多い淡路島へわたる橋の夢を重ねている光景がある。

II

夢への暗中模索の挑戦
―試行錯誤にもえる日々―

■架橋技術の大きな壁が幾重にも立ちはだかる

晴れた日の明石海峡は世界一の長大吊橋建設の夢をかきたてるが、荒天時には自然条件の厳しさを感じさせ、とても実現可能との思いを抱かせない。

海外には長大吊橋の見本があり、がんばれば実現可能の気もしてくる。しかし、そこには架橋技術上の大きな壁が幾重にも立ちはだかる。

海外長大吊橋の技術導入の手法も現地条件が苛酷なことから、安易な外国依存ではいけない。自主的な調査と試験、設計や工法の研究、検討を通じ苦闘の日々がつづく。

長大吊橋は外国でも問題が発生しては、改善、検討がなされ進歩してきた。中でも吊橋特有の構造から、補剛桁の風に対する問題が大きい。

アメリカのタコマナロウズ橋の風速 19m/秒のゆるやかな風による落橋は大きな問題となった。やがて風の研究が進み、トラス補剛桁のアメリカタイプの吊橋型式を生みだした。イギリスにおいても箱型補剛桁が空気力学的な研究によって考案された。

日本では、これまで本格的な長大吊橋の計画がなかったので、このような風の研究には、あまり関心が持たれていなかった。知識も資料も少ない中での明石架橋である。

高い主塔も風や地震に対する問題をかかえている。さらに明石海峡では大水深、急潮流、国際航路での大型船舶の航行などで、海中基礎についても難問が多い。

そのほかにも、『調査月報』の掲載記事には、これまで経験したことのない技術的問題が多く見られる。

それらを外国文献に頼って解決していくには、大変な努力がいる。理論的な面でも理解できないことが多くあり、それを検討する実験においてはまったくお手上げの状態である。

吊橋の耐風安定性の検討では、空気力学的な面から風洞実験設備が必要になる。この設備は航空機の研究分野で、わが国でも戦前には大学、研究機関にあったが、終戦後、軍事に関連するという理由ですべて破壊された。大学でも航空学科が廃止され、その分野は消滅してしまった状態である。

このようなことから、吊橋の耐風安定性については、手のつけようのない状態である。『調査月報』の風に関する掲載記事について、問い合わせがあっても返答ができず、原文の出所を紹介する程度である。

長大吊橋の巨大構造物の工事のやり方についても、『調査月報』の記事から現場機材や設備面で不可能なことが多くでてくる。

さらに明石架橋の現場の苛酷な条件を重ねると、方向もわからない暗雲の中にいるような気持になる。明石架橋工事の足がかりが見えない。経験も自信もない状態での架橋促進業務である。

イギリスのセバーン橋の出現によって、それまでとは違う明石架橋の取組みの気持がでてきた。設計の新しい発想、構造面での創意工夫された部位、経済性など深く知りたいところが多くある。

特に風に対して箱型補剛桁の空気力学的な取組みに興味がわいた。

イギリス・セバーン橋

これまでにない斬新な長大吊橋の実橋に接し、
世界一の明石架橋実現への闘志がわく。

斬新なイギリスタイプの長大吊橋に接し、橋体をなでるように見てまわる。

■明石架橋の夢は大きくふくらんでいく

明石架橋は、ローカルプロジェクトからナショナルプロジェクトへと進む。

明石架橋促進の地元の熱気

◆夢のかけ橋提唱の 1957(昭和 32)年頃の神戸市街と神戸港

明石架橋が提唱された頃の神戸の街は、戦災の跡があり経済も活気がない。とても架橋に賛同が得られるような状況ではなかった。神戸港も同じで荒れた状態である。

1957(昭和 32)年頃の神戸市街（三宮から神戸港の眺め）

◆明石架橋促進運動

神戸港の整備拡大が進み、ヒンターランドへの交通網の整備・充実によって淡路島、四国の地域経済の発展につながることが理解され、架橋ムードが次第に盛りあがる。

神戸市・兵庫県・徳島県・高知県の活発な運動

◆政府・政治家への架橋陳情

明石架橋の重要性が政治目標であることを訴える運動も熱をおびてくる。日本列島改造論の波にも乗り、ナショナルプロジェクトとしての道がひらけてくる。

促進大会での原口市長のあいさつ

河野一郎建設大臣と原口市長
（左から３人目）

◆テレビによる架橋促進のPR

草の根的活動から多方面への架橋促進運動の輪を強力に広げるために、テレビ、新聞紙上で広報活動を積極的、組織的に展開し、絶え間ない発信活動がつづけられる。

黒柳徹子さん（女優）と原口神戸市長、金井兵庫県知事、
武市徳島県知事（左から）によるテレビ放映場面

◆架橋への住民の盛りあがり

機会をのがさず、各地で架橋促進住民運動が行われ熱気が高まる。関係する地域全体が架橋ムードに包まれ大きな輪と流れができる。合同の中央集会も強力になる。関係する地域の隅からすみまで架橋ムードが盛りあがり、促進運動はすき間のない強力なものになっていく。その方法も多彩になり、もうあと戻りはしない勢いである。

架橋促進大会の開かれた神戸国際会館（阪神・淡路大震災で倒壊）

海上からも陳情デモ

頼みますよろしい
市民大会開く
いつ完成かの問題

架橋促進大会とその盛りあがりを掲載する新聞など

◆架橋促進のため東京拠点開設

明石架橋促進の熱気は東京にも波及する。関連する地域全体をあげての強力な架橋実現の訴えを、発信する合同拠点を設立。政府関係機関へ波状的に運動を展開する。

赤坂プリンスホテル（旧）での
架橋促進パーティー

◆海外技術者の招へい・技術講演会

明石架橋は世界一の長大吊橋になることから、技術的な問題点の解決を海外長大橋技術から求める努力が必要である。文献蒐集に加え外国技術者の招へいも行う。また、明石架橋は技術的に困難で不可能という風評が先行していたので、政府関係者、技術者などの前進的な技術研究会を積極的に数多く開催する。

海外から技術者を招へい

スクルトン氏（イギリス）

斬新な吊橋模型を紹介

◆東大・京大での海外技術者の講演会

海外長大吊橋の紹介と実現可能性の講演会を、神戸市の調査室が中心となり実施。世界一になる明石架橋の技術的挑戦への啓発に、大学へも出前講演会を行う。

東京大学での講演

京都大学での講演

◆明石架橋に関する神戸市の調査資料

明石架橋をバックアップする資料も工夫して作成した。技術面よりも架橋の経済効果、地域開発の夢と希望を多くとりあげている。架橋PR誌というよりも資料集的内容である。毎月発行される『調査月報』は、貴重な資料となっていく。

神戸市調査室発行の明石架橋資料『調査月報』（1964年No. 1～1971年No. 68）は、海外長大吊橋の技術資料を翻訳して毎月100部発行した（B5判・約100ページ）

◆神戸市の明石架橋の自主委託研究

海外文献の調査・研究に並行して、少しでも理解を深めるための簡易な基礎的自主調査・研究が必要になる場合がある。この取組みにより、架橋の夢は少しずつ実現可能へと前進する。

京都大学での自主委託研究

◆世界一の長大吊橋実現への挑戦はつづく

夢に描く完成予想図も実橋の姿に近づいてくる。もっと精巧な絵を描きたい。どうしても夢を実現したい。模型を作成し、それを眺めて気持を高める。

完成予想図は精巧になり実橋に近づく

明石架橋の実現は軌道に乗っていく

◆ナショナルプロジェクト始動

本四架橋 3 ルート早期同時着工の気運が、ナショナルプロジェクトとして始動したが、初期の調査段階で架橋実現の不安が大きくのしかかる。明石架橋は特に難問が多い。神戸市内に調査事務所が開設され、明石架橋の実現が明るくなる。

1963(昭和 38)年 4 月 18 日開所式典

建設省調査事務所（神戸市旧葺合区内）

◆ナショナルプロジェクト初期の現地調査

本格的な明石架橋の現地調査は、単柱式の海上ボーリングと垂水区の福田川尻の観測塔の調査からである。やっとたどりついたスタート点である。

単柱式の海上ボーリング足場

観測塔位置は神戸市ルート案の垂水区福田川尻の海岸（風、地震、塗装、海塩粒子などの観測調査）

◆土木学会への研究委託調査が活発になる

長大吊橋建設技術には難問が多く、現地条件も苛酷なものがある。わが国の架橋技術の総結集が必要で、新規開発技術も必要になる。土木学会も活発な活動を開始する。

土木学会技術委員会メンバーの現場視察記念撮影

◆長大吊橋の耐風安全性対策が重要課題

タコマナロウズ橋の風による落橋で長大吊橋の風に対する研究が進み、トラス補剛桁のアメリカタイプの吊橋形式を生みだした。吊橋の耐風安全性を向上させるため、風洞実験による研究も進んだ。

秒速 19m の風によるタコマナロウズ橋の落橋

◆明石海峡の現地風の観測・統計分析による検討

現地風は一様に吹かない。季節風や台風も重要なデータで、高さ方向の風の吹き方にも変動がある。約 20 年間の観測データにより、明石架橋の設計に用いる基本風速 46m/sec を決定した。

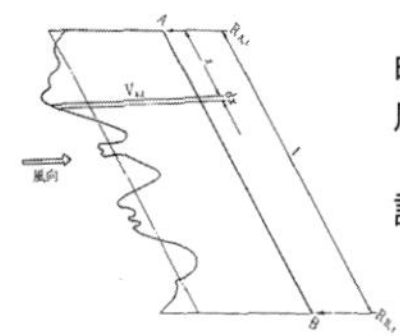

明石海峡基本風速値
46m/sec、
設計基準風速
桁 60m/sec
塔 67 m/sec

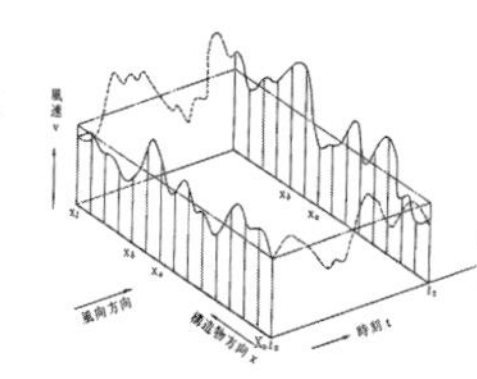

平均風速値は海面上 10m（仮想点）の高さで 10 分間の平均風速を長期観測し、高さ方向の風速値は補正により算出

◆長大吊橋補剛桁の耐風安定性向上の取組み

長大吊橋建設の舞台はアメリカからイギリスに移った。イギリスの斬新な長大吊橋の技術を理解するには、未知のことが多く、特に箱型の補剛桁に関してはとまどいがあった。

左：トラスタイプ
（アメリカタイプ）

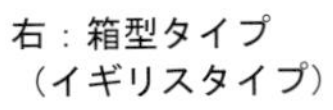

右：箱型タイプ
（イギリスタイプ）

◆イギリスタイプの長大吊橋構造細部の新技術

イギリスのセバーン橋の出現により、長大吊橋の耐風安定性や構造に対する考えが大きく変わった。特に吊橋の構造部位への空気力学的な対応の斬新さに驚きをかくせない。

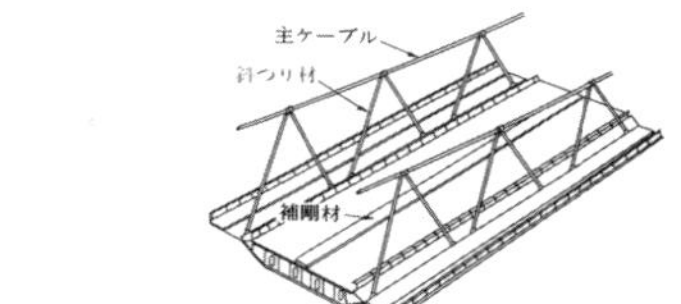

セバーン橋の箱型補剛桁

ハンガーロープの斜吊り

◆オイルショックで走りながらの仕事が正常化

本四架橋 3 ルート同時着工は大変苛酷なものであり、見切り発車的な仕事が多くあった。オイルショックによる仕事の中断は業務全体の見直しの好機となる。海外にも調査にでかける。

1976 年欧州長大橋の現地調査（調査団メンバー）

◆現地視察でハンバー橋の技術情報を多く入手

イギリスタイプの長大吊橋型式の基本的設計理念について知ることができ、明石架橋に参考になる情報も得た。現地での意見交換が熱をおびてくると、知識の出し惜しみなく接してくれる。

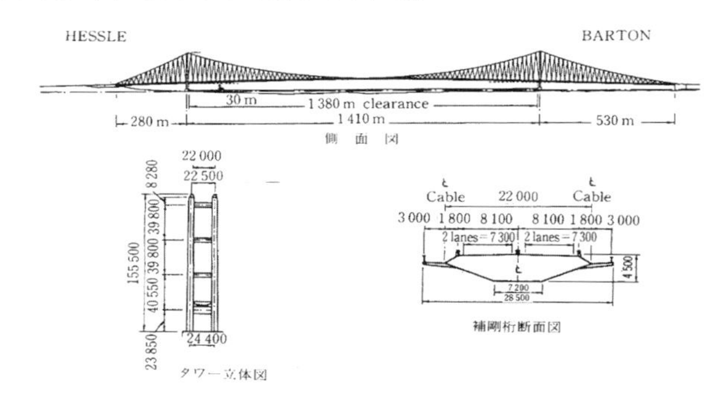

ハンバー橋の一般図

◆ハンバー橋のコンクリート主塔の建設工事

長大吊橋でのコンクリート主塔は珍しく、興味を引かれた。明石海峡大橋の基礎にはコンクリート工事があり参考になった。冬場のきびしい現場作業について興味がわく。

ハンバー橋のコンクリート主塔の海上工事

◆ハンバー橋の工事現場

工事現場は、主塔の海上工事と陸上部のアンカレイジ工事に分かれていた。特別な工事現場はなかったが、広い作業ヤードが大工事の様相を呈していた。

ハンバー橋の陸上部のアンカレイジ工事現場

◆イギリスの北海油田の海上採油作業台が興味を引く

北海油田の海上採油作業台の研究をしている実験室と現場を訪れ説明を聞くと、現場条件は非常にきびしい。ここでの説明で、明石架橋の主塔基礎への応用の可能性を感じた。

実験模型

工事現場

設置ケーソン工法の発想となる実験用模型と北海油田工事現場

手広く明石架橋の検討が進む

◆主塔の構造美の検討

明石海峡で長大吊橋を支える巨大な基礎をつくるには多くの課題がある。水深、潮流、地質、航行船舶、漁業への配慮など海峡現場条件の精査が特に重要である。

橋の巨大構造部分や海上の難工事については検討が進んでいるが、海峡に巨大橋が出現することによる周辺景観との調和が気になってくる。

主塔の美観を中心にした検討では、高さがあるので、地震・風等の強度を度外視して美観検討を行うと絵に描いた餅になってしまう。

地震や風について技術面を重視すると美観要素が欠けてしまう。また、複雑な構造になると、工事面、経年管理面についても十分に配慮しなければならない。さらに経済面もあり、総合的なバランスのとれた取組みが重要である。

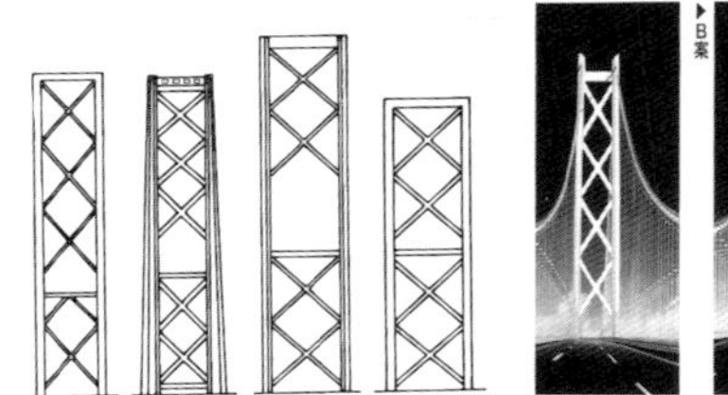

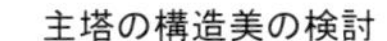

主塔の構造美の検討

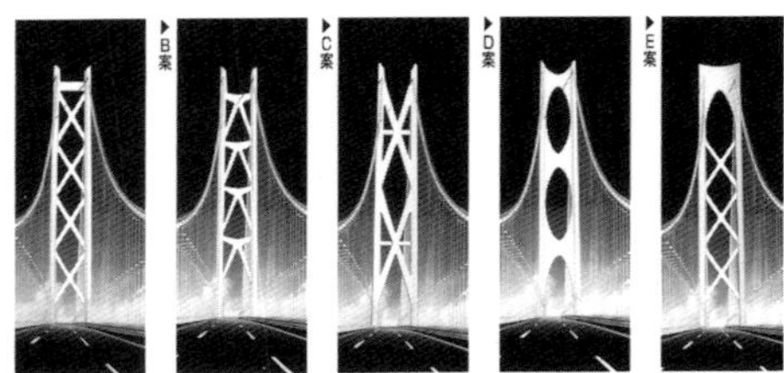

主塔の美観イメージ

◆模型での主塔の美観検討

主塔の美観検討は図面上の検討から、模型作製へと進展して行われる。実構造物になると技術上の問題がからみ、図面では斬新なものが描かれても、可能性のあるものはなかなか生まれない。

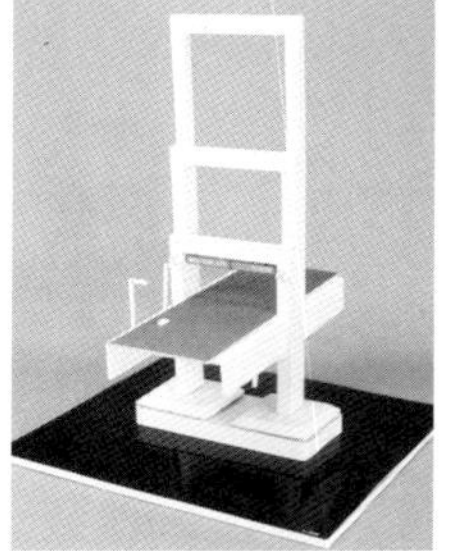

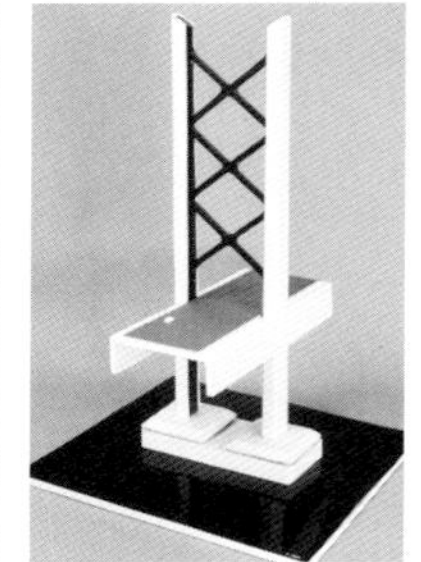

主塔構造美の模型作製

◆斬新な主塔の形状検討

図面上の検討では、およそ実現不可能と思われる形状も考えだされ、夢とアニメの世界へと楽しい雰囲気も生まれる。この場合、周辺の景観とのバランスが必要である。

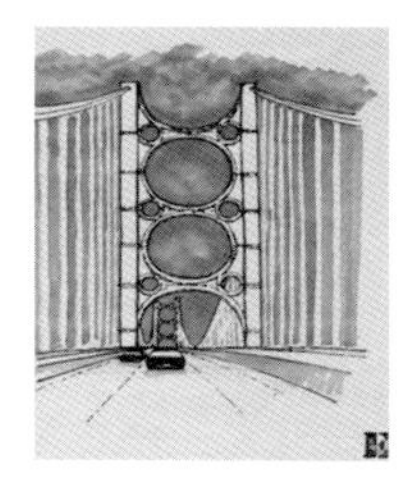

超斬新な主塔形状

◆アンカレイジの形状美の検討

橋の設計はわが国では、主として土木技術者がすべてを行っている。力学的合理性と現場作業を優先して考慮するため、美的演出が少ない。巨大なアンカレイジでも美的演出のできる要素がある。

アンカレイジの美的配慮

◆グレートベルトイースト橋のアンカレイジの美観設計

デンマークのグレートベルトイースト橋では、建築家がアンカレイジの形状検討に参画している。海中構造物であるため、工法面、海中生物に対する環境面に配慮したことも聞く。

橋の全景

アンカレイジの模型

実験模型も大型で精巧になっていく

◆大型部分模型による風洞実験

耐風安全性の机上計算と小型模型による風洞実験の検証を経たあと、さらに大型模型によって実験の精度を上げ、耐風検討が行われる。人が入れる大型風洞施設を用いて補剛桁と主塔の実験を行う。

補剛桁

主塔

◆現地風による大型部分補剛桁の実験

さらに自然風に対しても検討が進む。冬場の海岸風を対象に超大型供試体の野外実験を実施。供試体は、複雑な風向であっても調整できるように回転台上に載せられている。ここでは夜間に風がよく吹くので観測作業が大変であった。

千葉県館山海岸での実験

◆明石海峡大橋全体模型の風洞実験（実橋の 1/100）

部分模型による風洞実験から、実橋の 1/100 で長さ 40m の全体模型を用いた実験へと進む。80m/sec の風に対しても橋は安全であることが検証できた。

準備作業中

実験中

架橋現地の調査も進む

◆ナショナルプロジェクト当初の建設省の単柱式海上ボーリング

現地調査はまったく手探りからのスタート。調査結果の精度も低く、作業も危険で効率が悪い。先々の取組み業務が暗中模索の状態である。試行錯誤のくり返しで、先ゆきの不安がつのるが、挑戦の日々がつづく。

垂水区福田川尻付近の海上

◆本四公団初期の半潜水式海上足場（創成２号）によるボーリング

上部構造部と並行して下部の基礎関係の検討も進む。初期の単柱円筒式ボーリング位置は垂水－松帆ルートで実施されたが、その後は現架橋ルート上で実施される。係留チェーンの切断による浮体の不安定や、台風時の現場からの退避についての問題もかかえている。

創成２号

◆別府作業基地に陸揚げされた創成２号

中期に行われた海上に浮かんだ半潜水式の海上作業足場（浮台）の大きさは、43m×43m の広さを有する公団所有のもので、ボーリング作業は請負方式ではリスクがあるので委託方式で実施。

本体

係留チェーン

◆海底ボーリング用大型海上作業足場(SEP)を用いた海底地質調査

潮流による半潜水式作業台の繋留チェーンの切断後の処理等で苦労を重ねたが、安定した海上作業足場にたどりついた。単柱の円筒式足場から長い期間を要している。

海底ボーリング用大型海上作業足場（SEP）

◆大型ボーリング採取資料

一般的に用いられている標準ボーリング口径は 5cm であるが、これでは玉石混じりの海底土質の資料は採取できない。30cm 口径では作業は難しいが採取資料の精度は上がる。

採取資料周辺の海底状況

30cm 口径のボーリング

◆神戸試験センター（神戸市東灘区魚崎）

大口径ボーリングで採取した資料は、専用の試験機を試作し、力学的な試験を行う。ここでも多くの採取資料について、くり返し試験を行う試行錯誤の連続である。

神戸試験センター

試験機

◆明石海峡の全体地質断面図が得られた

明石架橋ルート全体の地層図ができあがった。特に舞子側は海底堆積層が厚く地質が悪い。設計上と工事計画上の検討のために精密なデータが必要で、さらに精査が必要となる。

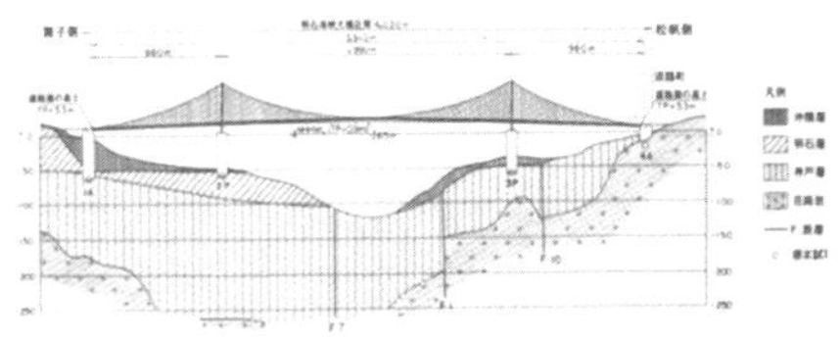

明石海峡大橋
模式地質断面図

実験・調査検討は数多く行われる

◆大型室内水理実験施設（船舶研究用）

船の実験用水槽を用いた主塔基礎の潮流に対する水理実験。主塔基礎の断面形状を変えての実験。最初の模型は矩形型で、コーナーを丸くしたりして実験を重ねていく中で最終的には円筒型になる。

角型主塔基礎の潮流に対する水理実験

◆角型ケーソン供試体の海底洗掘実験

海峡内に主塔基礎を建設することは、潮流に対する支障物が出現することである。供試体に対する流れの受けとめ方だけでなく、下部の基礎周辺海底の潮流による洗掘が問題となる。

この主塔基礎の角型ケーソン供試体で実験しているときの中央スパンは1,700mで、アンカレイジが海中にあり、その面での検討課題もあった。

角型ケーソン供試体の実験では施工法も併せて検討しており、問題点が多くでてきた。実験中の供試体の状況やデータの傾向から、円型に変更する発想がでてきた。

角型実験を断念し、円型に方向変換するときは断腸の思いである。この間には多大の時間と費用と努力を要している。廃案になった資料の山は、後日別の場所でなんとか役立ってほしいとの思いがしきりにする。

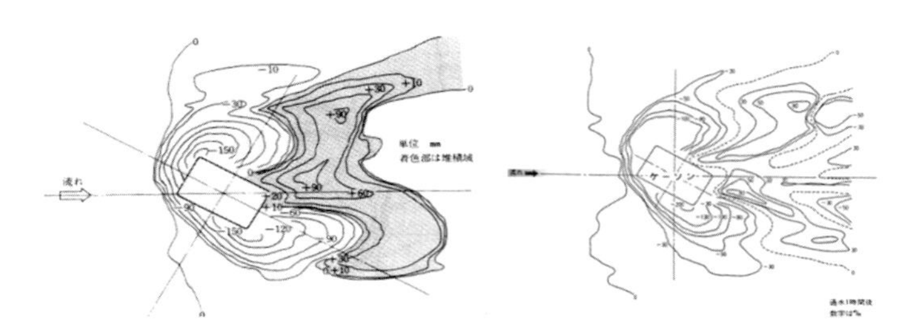

角型主塔ケーソン供試体の一方向流の海底洗掘実験結果

◆潮流による海底洗掘防止工法の研究

ケーソンの現場設置直後と経年的な海底洗掘の研究も必要で、追加的な研究・検討がつづく。工事後のあらゆる変化現象を想定し、気が抜けない慎重な検討が必要である。

洗掘実験

■渦と洗掘
流れ
加速流
カルマン渦
馬蹄渦
■構造物周辺の水流
加速流
流れの速い領域
流れの遅い領域
流れ
洗掘
基礎
堆積

◆明石海峡大橋主塔基礎は長い道のりを経て角型から円型に決定

主塔基礎の形状は何回も水理実験を重ね、他ルートの工事経験をはじめ総合的な検討を経て、円筒型鋼製二重壁ケーソンに決定。まだ工事上の課題が残されている。

瀬戸大橋

明石海峡大橋

◆円筒型主塔基礎の水理実験シリーズ

主塔基礎の形状が円筒型に決定後、鋼製ケーソンの製作、現場への海上運搬、現場での設置工事等の検討も行い、設置ケーソン工法に決定。この工法による問題点の検討がつづく。

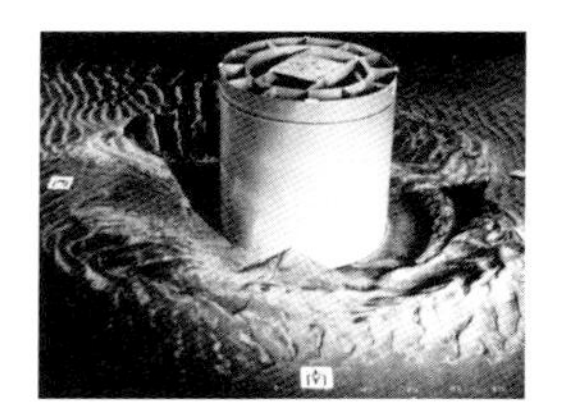
設置ケーソン工法の水理実験

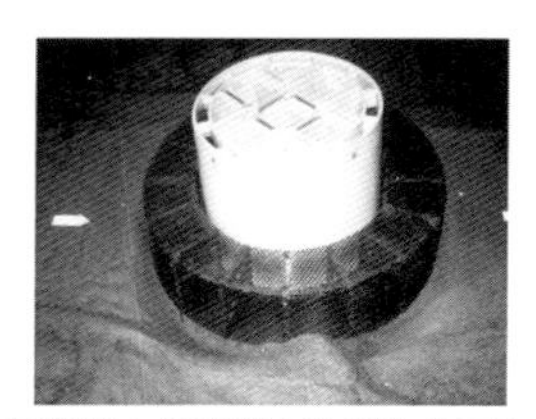
円筒型主塔基礎の洗掘防止工法の研究

◆円筒型主塔基礎の現地模擬実験

実験室的な検討を経て、工事実施計画がまとまる。現場での対応も気がかりで、現場実験・リハーサルも実施。実橋のケーソンの直径は 80m、現場実験用は直径 10m で実施している。

直径 10m の円筒で行った現場実験

◆主塔基礎の設置ケーソン工法の確立

長い検討期間を経て、最終決定した円筒型鋼製二重壁ケーソンの設置工法は、新工法の創出である。ケーソン内に充填する海中コンクリートの研究が続く。

新工法の円筒型鋼製
二重壁ケーソン

◆明石海峡大橋の海中アンカレイジを避けるための検討

本四架橋 3 ルートでは難しい海中工事が多く、難工事を軽減する努力や新工法の検討がされている。大鳴門橋は巨大なアンカレイジが海中にあるとうず潮に影響を与えるので、淡路島側にうず潮対策としてベントピア（副塔）を設ける工夫をしている。

明石海峡大橋の中央スパンが 1,700m のときには海中にアンカレイジを設けることになる。この場合、海中工事が大変なことだけでなく、沿岸の潮流変化、航行船舶の支障になるとともに漁業への影響もあり、派生的な検討課題がでてくる。

大鳴門橋のベントピア

◆舞子沖の地質精査

舞子側の地質は、ボーリング調査だけでは設計上と工事に対する検討の資料が不足する。詳細なデータを得るためには、人が直接地盤を確認する必要にせまられる。

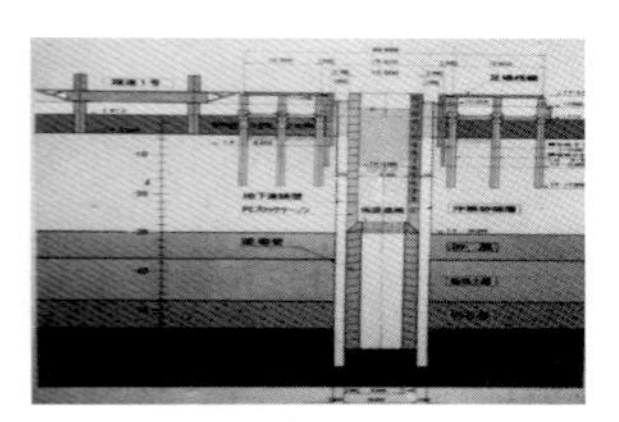

地質調査精査坑

◆舞子側アンカレイジ位置の詳細な地質調査

詳細な地質の調査は工事と同じような様相を呈している。10m×10m の平面形のウェルを海上施工する。この中に人が入り、直接地質を確認しながら調査する。

地元にはルート発表をしていないので、調査位置から陸上部ルートを類推し、架橋反対運動が熱気を帯びてくる。

海岸から 200m 沖合で行った地質調査

◆中央スパンが 1,990m になり、アンカレイジ位置が海岸部になる

中央スパンが 1,700m の段階では多くの課題に取り組み、その対策が大変であった。

中央スパンが 1,990m になり、多くの検討課題が解消した。その間の研究、検討成果は廃案になる。費やした期間、経費、努力等を考えると複雑な気持がわいてくるが、業務が一挙に前進する喜びのほうが勝っている。

できあがった下部工設計図から、巨大な海上構造物のことがわかる。海上工事では難工事が予想される。工期も長い。得られた設計図をもとに精力的に施工計画が練られていく。

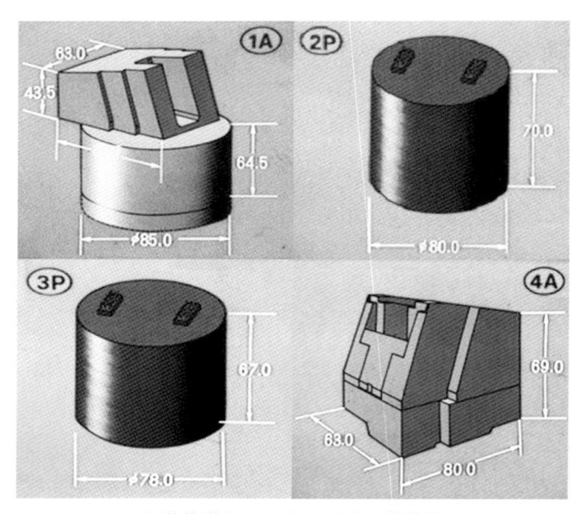

主塔基礎とアンカレイジの構造図
（1A：舞子側アンカレイジ、2P：舞子側主塔基礎、
3P：淡路島側主塔基礎、4A：淡路島側アンカレイジ）

まだ多くある吊橋上部工の検討課題

◆塗装の研究（海上鋼構造物の塗膜欠陥調査）

本四連絡橋のすべての橋は海上橋である。使用鋼材は海塩粒子の影響をうけるので、塗装の研究は重要項目である。

これについては、舞子観測塔での塗装試験板の長期野外曝露試験と実構造物の塗膜劣化状況調査が進む。鉄道併用に伴う電車架空電線の絶縁碍子に対する海塩粒子の付着状況の調査も、同観測塔で進む。

塗装は手作業で簡単にできるので、これまでは研究があまり進んでいなかった。このため本四架橋では、塗料、塗膜、塗装法等の研究が必要であった。

塗膜劣化現場調査

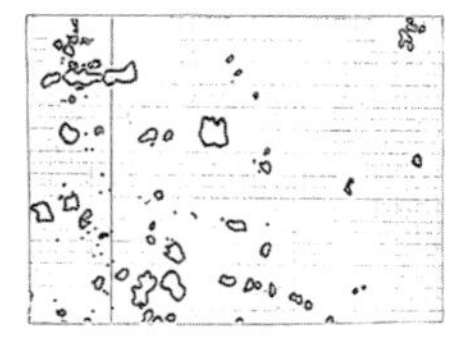

トレーシングペーパーによる
塗膜欠陥写し取りとその結果

塗装法の実験

◆塗膜欠陥の発生状況（鋼橋の塗膜欠陥）

塗装作業には工場塗装と現場塗装がある。現場塗装では、作業環境と塗装作業中の管理等の不良による部分欠陥がよく発生する。塗装作業中の環境管理が重要である。本四架橋の塗装は重防食塗装で工場塗装が主体であるが、現場継手部は現場での塗装になり、慎重な作業が重要である。

継手部の現場塗装の塗膜欠陥例

◆耐震研究（地盤との関連）

地質調査で得られた結果をもとに、静的な地耐力と、地震時の構造物の動的な挙動に関連する地質データを組み合わせ、高度な構造解析の検討が行われた。

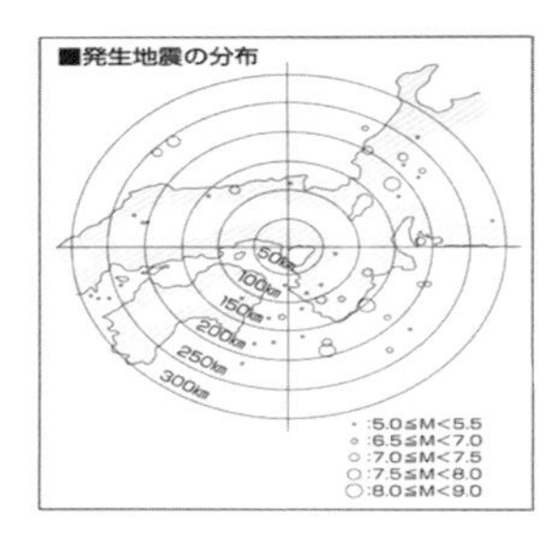

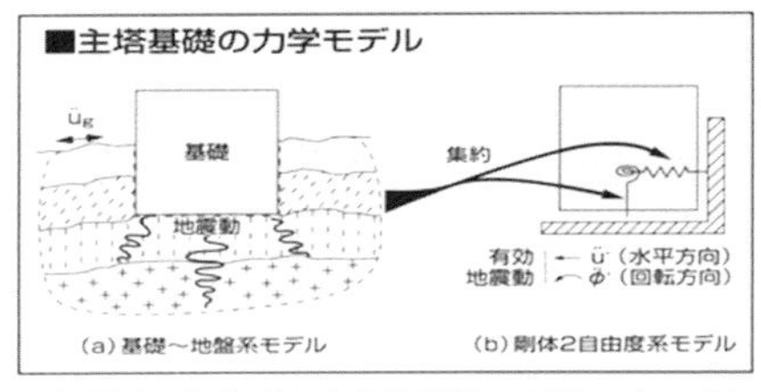

発生地震の分布（左）と主塔基礎の力学モデル（右）

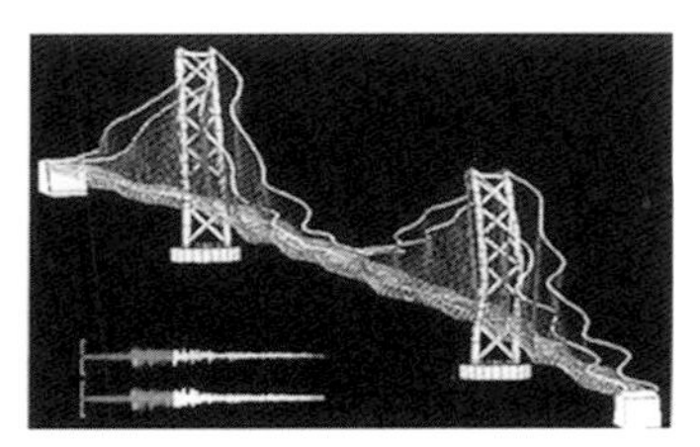

明石海峡大橋の地震時の揺れのコンピュータ解析（右は揺れを50倍に拡大したもの）

◆主塔の制振装置の検討

地盤の揺れに伴い、高い主塔は連動して大きく揺れ動く。これを防止するために、本体に設置する制振装置の研究開発と、その設置位置についての研究が進む。

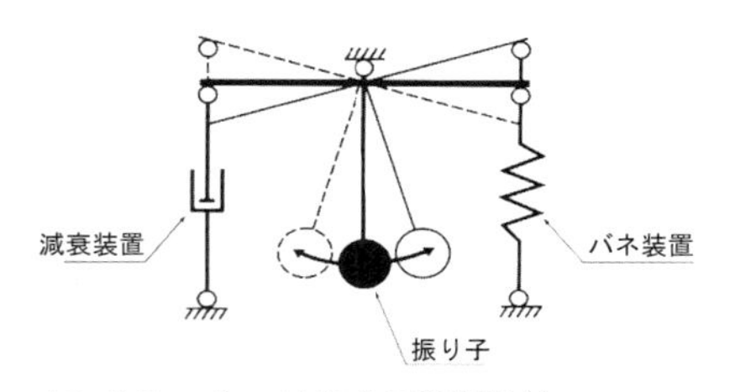

制振検討モデル（制振装置機構概念）

制振装置

◆メインケーブルストランドの素線の強度向上の研究

メインケーブルの強度の向上が、長大吊橋の中央スパンの長大化のカギをにぎる。明石海峡大橋では従来のものより 12.5%増の高強度のケーブル素線（$160kgf/mm^2 \rightarrow 180kgf/mm^2$）を得た。

これによって中央スパンが 1,990m になり、明石海峡大橋は世界一の長大吊橋のタイトルを得ることになる。

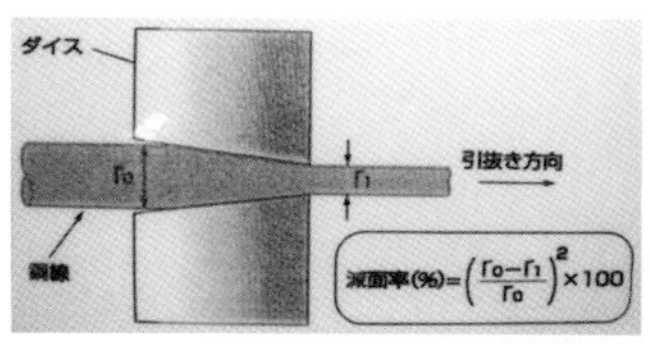

円錐ダイスによる引抜き図と直径 5 mmの銅線（$180kgf/mm^2$）

廃案の中にも落穂拾いの気持が残る

◆明石海峡大橋が鉄道併用橋では難問山積

明石海峡大橋は当初鉄道併用橋である。吊橋の橋体の検討が優先し、併用の鉄道のことは遅れがちである。長くつづいていく取付部の問題は手つかずである。

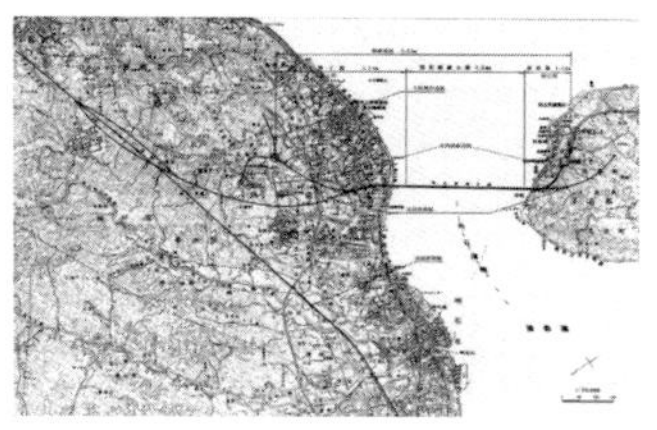

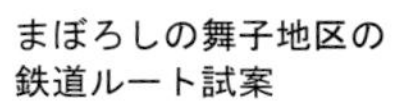

まぼろしの舞子地区の
鉄道ルート試案

◆鉄道併用長大吊橋では列車重量によるたわみが重要課題

長大吊橋上を列車が通行すると、重量によるたわみと揺れ等による脱線の発生が重要課題になる。走行速度の確保や乗り心地の点などのほかに軌道部分の保線、保守管理作業等の課題が多い。

◆橋桁のたわみによるレール締結方式の検討

橋には温度による桁の伸縮継手が設けられている。鉄道併用橋ではレールと桁部の共同伸縮装置を開発し、さらにたわみによる床部材との折れ角の緩和装置も必要である。

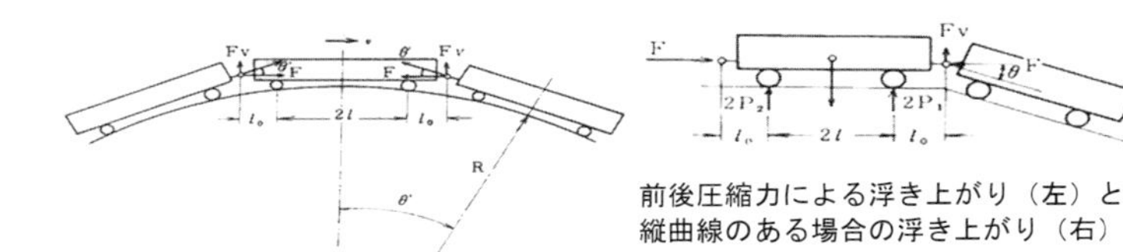

前後圧縮力による浮き上がり（左）と縦曲線のある場合の浮き上がり（右）

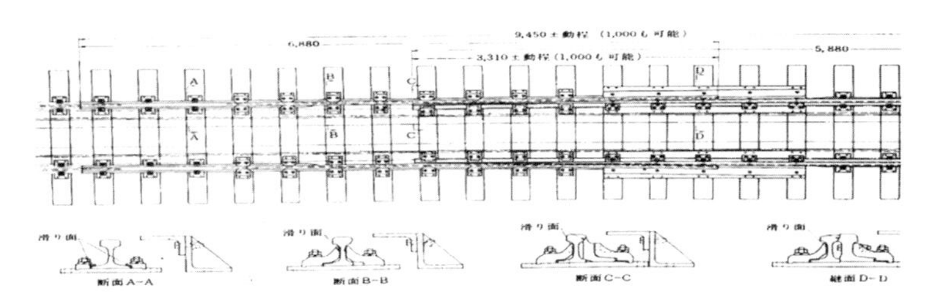

◆鉄道併用橋でのレール伸縮継手部の構造研究

桁とレールとの共同伸縮装置は、両者が連動するもので、複雑な構造になると保守管理が大変になる。簡素で耐久性が求められる。長期使用による保全も重要である。

山陽新幹線開通前の軌道を利用した緩衝桁装置の実験

◆国鉄在来線（北海道・廃線）での実験

列車の脱線防止研究は最重要課題である。実車実験が必要で、単車、連結車等あらゆる種類の車両条件の組合せが求められる。走行速度も重要条件になってくる。

北海道の国鉄在来線（廃線）を利用して脱線の実験

◆新幹線（博多車庫場内）での実験

経年使用についても時間をかけて実施。実橋で用いる装置によっては、年単位の検討時間が必要である。この実験でさらに改良点を探しだし、最良の装置が研究開発されていく。

博多車庫場内での経年使用実験

◆鉄道緩衝桁

長い検討期間を経て完成した吊橋主塔部の鉄道緩衝桁。実用後も狭い場所での保線、経年管理が必要である。ダブルデッキの下路部では、海塩粒子の付着による影響もある。

鉄道緩衝桁は伸縮装置として補剛桁の伸縮と角折れを調整吸収する

◆明石海峡大橋の道路鉄道併用橋の概要諸元

明石海峡大橋の鉄道併用橋としての図面は一応あるが、技術的内容は乏しい。舞子側の取付道路と鉄道のまぼろしの路線図はあるが、淡路島側のルート図は見かけない。概略図は実現不可能な部分が散見される。

メインケーブル2本の横断面図

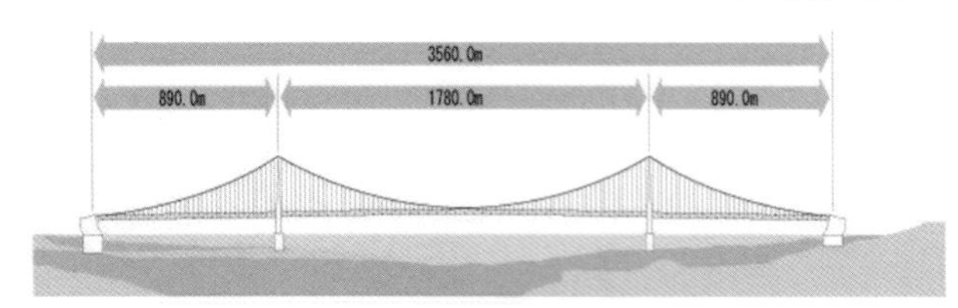

中央スパン1,700mの鉄道併用橋の概略図

■鉄道併用橋から道路単独橋への転換点をむかえる

明石海峡大橋は、1985(昭和 60)年 8 月 27 日に鉄道併用から道路単独橋になり、技術的な検討課題は大きく軽減することになった。

これによって、舞子側の取付部の長くつづく高架構造物はトンネルになり、住民対策や環境問題、さらに用地問題が軽減された。残る大きな問題は垂水ジャンクションの広大な用地取得だけとなった。

吊橋本体の荷重軽減はメインケーブル素線の強度向上と相まって、片側 2 本のメインケーブルが 1 本になり、中央スパンが 1,990m になった。

これによりアンカレイジの位置が海岸になり、これまで検討してきた課題が解決し、それまでの検討成果は不要になり廃案になるものがでてきた。

この長い検討期間には、試行錯誤の取組みで日の目をみない実験も多くある。よい結果のでないものに対する断念や思考転換には断腸の思いもあった。

発想の転換を図ったり、ときには逆転の発想を試みることもある。くり返し実験の中には結論へのあせり、結果のむなしさ、経費もかさみ、生みの苦しみの日々がつづく。

しかし、この間にも多くの成果が蓄積され、知的財産を多く生みだしている。

苦労して得た検討成果には、最初からこのような条件で検討を行っていれば、の思いもあるが、試行錯誤を経ての成果である。

ふり返れば鉄道併用橋から道路単独橋になった転換点までの多くの積み上げを無駄にしたくない。いつかどこかで日の目をみて、役に立つことを期待したい。

舞子地区の環境問題は道路単独橋になり大きく軽減されたが、まだ地域住民に対する自動車の騒音対策、振動や排気ガスの問題が根強く残っている。

この対策には、本橋と垂水ジャンクション間のトンネルルート上の舞子墓園と垂水ゴルフ場が有利になっている。特に広域な舞子墓園は直径 10m のトンネル内の排気ガス地上排出塔の設置場所として、最適条件を有している。

舞子墓園（入口）

垂水ゴルフ場（入口）

本四架橋の他ルートに例のない舞子地区の課題に挑戦

◆舞子地区の環境・景観保全が最重要課題

舞子側の陸上部は鉄道併用橋であると、高架構造部が内陸部までつづき、用地確保が難問題である。道路単独橋になり、難問題が軽減されたが、工事中の騒音、振動等の慎重な対策が必要で、予断は許されない。さらに環境対策については、都市計画的な手法が必要である。

舞子地区の街並みの遠望と架橋前の六角堂

道路単独橋になり、やっとできた設計図

◆明石海峡大橋（道路単独橋）一般図

明石海峡大橋が道路単独橋になり、中央スパンも 1,990m になって、現場の多くの問題点が解決できた。この橋は手探りの調査からスタートし、多くの成果を持った貴重品である。これからさらに詳細設計、工事施工計画書作成の作業が進んでいく。

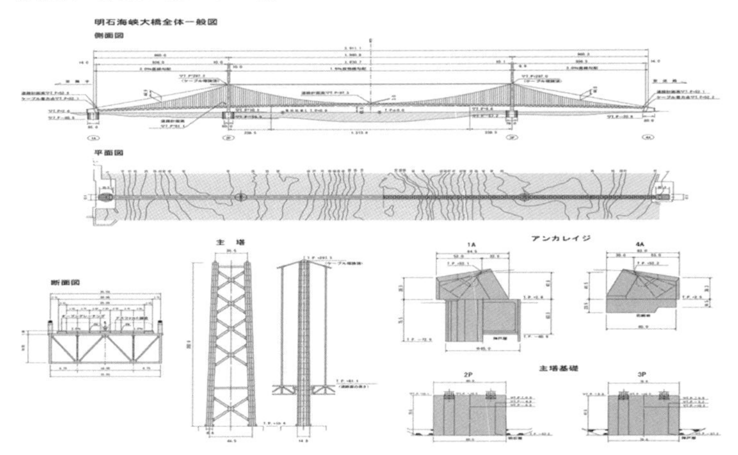

■着工のゴールが見えてきてゆとりがでてくる

本四架橋3ルート同時着工で、急いでやってきた仕事がオイルショックで着工中断になった。これによって今までの仕事の見直しができ、苦労や失敗の思い出に混じり、いろいろなエピソードや珍話が思い出される。

外洋からの回遊魚が海面に映る橋影を見て通行止めと感じ、U ターンしてしまい、そのため瀬戸内に魚が少なくなり、漁師は困るのではないかとの話もあった。これに対して、鯛にセンサーをつけて放流し、海峡の魚の行動パターンを調べることを学者に依頼したことがある。

橋が完成すると、巨大な鉄の構造物が南北方向に海峡をまたぎ、船の羅針盤を狂わせるのではないかとの話もでてきた。いまは宇宙衛星からの電波で方向がわかり、このような心配はいらない。まったく通じない昔話になってしまっている。

さらに、橋ができると本州のネズミと四国のネズミが橋上で大合戦をし、生態系を狂わすのではないかなどという生物学者も出てきた。その発想は送電線や接岸貨物船のネズミ返しからでてきたのではないかと思う。

淡路島の古老から、昔の海峡を中心にした暮し方や逸話を聞く。中には珍話やおとぎ話のようなものもある。

明石や神戸側も負けてはいない。舞子側の架橋地点の西側には明石藩舞子台場の砲台跡（小公園）があり、海峡が海運の要衝であることを物語っている。また、近くの旗振山から旗やのろしの煙を使って、播州奥地への通信手段としたことなどを聞いていると、時が止まり、近くの古墳のこともあわせて、ロマンの世界に迷いこむ。

また漁師からは、明石の魚市場のセリに間にあわせるために手漕ぎの船で渡海した苦労話などが入る。セリに間にあわなければ買ってもらえないので、彼らも必死である。間にあったときの帰りの気持が感情移入されて語られる。

海峡横断連絡船は淡路島の人たちが日常生活に利用する身近な乗物で、船中の話から淡路島の生活がよく伝わってくる。朝夕は学生やサラリーマンで通勤列車なみの混雑で、昼間は明石や神戸への買物客、時間に余裕のある中高年の人たちや観光客でにぎわう。

船内で親戚や知人に会うと、にぎやかに活気をおびた雰囲気になる。当時の船室のクラスは3段階になっており、船底の3等客室は一般客が利用し、1、2 等室は空いていることが多い。

船は小型であるが、一般客が利用する畳敷きの3等船室は広く感じられ、横になり疲れをいやしている人、車座になり世間話をしている人などが思い思いに時を過ごしている。

出航までの待ち時間や対岸まで約 30 分かかることから、船中の話題は豊富である。旬の食べもの、魚の料理法など島の生活が伝わってくる。また、伝統行事の祭りが近づくと、大いに盛りあがり、話の輪ができる。

時には島の人と明石・神戸の人との会話中に、いなかと街との生活情報交換や、島での不便なこと、町へのあこがれなど一方的な話もでて、この海峡が生活の格差を生みだしていることがわかる。しかし海峡にへだてられていても、お互いの村や街には生活にうるおいをもたらす伝統行事などが大切に保存されており、幸せな面もある。

船が大きく揺れたり、天候待ちで出航が遅れたりしたときには、橋が早くできてほしいとの話題もでてくる。船内の話題はゆっくりした船足にあわせて、ひと時のくつろぎをもたらすものがあり、今はなつかしい光景である。

このような話は多く、貴重な話もあれば、ほら話もある。そのほかにも類似の話があり、多くはもう済んだ話として忘れられているが、架橋にまつわるゆとりのある話はぜひ語りつがれてほしい。

明石海峡・播淡連絡船（明石港）

海峡連絡船は大きくなり、新型船になっても、船内は島の生活の話題が多い。

明石海峡でとれた魚が売られている魚の棚商店街

III

夢は海峡を渡る
－夢が実り、さらなるロマンを追いつづける－

■世界一の長大吊橋実現の夢は、約半世紀の時を経て完結する

悪戦苦闘の末、橋の設計図、建設工事計画書がまとまっても不安な部分が目立ってくる。まだ走りながらの補足、修正の作業と実施への仕事が並行して進む状態である。

明石海峡大橋は外国技術導入という思考から、その後の努力によってわが国の自主長大吊橋の架橋技術を確立して、工事が進む。

世界一の長大吊橋実現の夢は、夢のかけ橋が提案されてから約半世紀の時を経て完結した。夢が実現し、橋守の人たちの世界遺産登録へのロマンに満ちた夢物語もこれから生まれてくるものと思われる。

ナショナルプロジェクトとして、本四架橋３ルートの建設が本四公団によって行われることになり、架橋の地元では、早期着工の希望が熱気をおびてくる。

本四公団にたどりつくまでに、鉄道併用橋については国鉄、鉄道建設公団による助走期間があった。道路橋については、建設省、日本道路公団による準備期間があった。やがて、土木学会に架橋の技術的問題点を審議する委員会が設置

され、本四公団を中心にした架橋体制が固まった。これによって、業務がスタートしたが、新設の公団組織では即戦体制になっていない。試行錯誤の手探りの業務がつづくことになる。

本四架橋 3 ルートの橋はすべてが海上橋であり、架橋現場条件は苛酷なものになっている。また、長大吊橋というかつて手がけたことのない巨大構造物で、設計上、工事上において難問山積である。

なんとか業務が軌道にのり、本四架橋 3 ルートの同時着工の準備が進む中で、1973(昭和 48)年 11 月にオイルショックによる業務中断にみまわれることになる。さらに自然環境面での課題がでてくる。初期の思いとは違った公団をとりまく社会情勢、環境になってくる。

「夢のかけ橋」時代にあこがれたアメリカのベラザノ・ナロウズ橋

アメリカ最後の長大吊橋となったベラザノ・ナロウズ橋は、1964 年ニューヨークに完成した。センタースパン 1,298m のアメリカタイプの長大吊橋である。

オイルショックによる業務中断の時には、公団へ出向してきた職員が元の職場へ引きあげていく。残された若い経験不足の職員たちでは、ようやくたどりついた社内体制がくずれて、業務が進まない。

世間からは仕事が止まっているので、休眠公団とか桃源郷公団というような冷たい視線が投げつけられる。会社が倒産し、再建を模索するような雰囲気である。しかし、急いでやった業務の見直しも必要である。手抜かりも散見される。

これを好機ととらえ、再起を企てようという機運がでてきた。若年職員の実務研修、自己啓発による自主社内研修会の芽生えや、海外の長大橋視察に自費で行ったりして、世界一の長大吊橋に挑戦する雰囲気がでてきた。

そして、1975（昭和 50）年に 1 ルート 3 橋の着工認可がでると、社内はこれまで以上の明るい職場に戻った。瀬戸大橋ルート全線の架橋と大三島橋、因島大橋、大鳴門橋の 3 橋が先発着工することになり、これによって明石海峡大橋の技術的問題点の解決に活用できる参考事例がでてくる。

同じルート上の身近な存在である大鳴門橋の先発着工は、うず潮対策、周辺景観への配慮、観光等の問題をかかえている。これらの克服を支援したい気持と、成果の共有を通じ、兄弟橋のような気持がでてくる。

本四架橋 3 ルートは瀬戸内海に架けられ、現場は広域的にまとまっている。本四公団の技術職員は橋梁技術者で専門性の高い集団である。

長い工期中に転勤や職場内移動があっても、橋の仕事は変わらずつづく。蓄積した専門知識は活用され、課題の多い現場で精力的に対応し、新技術を考案したりして、世紀の架橋事業に取り組み、夢を追い続けた。

そして、得られた多くの技術成果は明石架橋に集結し、明石架橋独自の検討成果とあわせて世界一の長大吊橋を完成させていく。

■やっとできあがった淡路島・四国への道

1998(平成 10)年 4 月 5 日に明石海峡大橋は開通式を迎えた。ふり返れば長い道のりであった。

橋の工事が始まっても、はじめの頃は海中工事で、岸からは目立った工事風景は観察されない。主塔基礎ができあがり、主塔の建設が始まった 1992(平成 4)年 3 月から 1997

完成した大鳴門橋

静かな鳴門海峡におさまった大鳴門橋を見ていると、1 日 4 回のうず潮との共演を待っているように見える。橋は多柱式基礎でうず潮に配慮し、大うずの発生を助けている。目をつむると橋上を夏の阿波踊りの連中がにぎやかに渡っている観光ポスターの構図が浮かんでくる(橋の完成後、送電鉄塔は撤去)。

開通式当日（4月5日）の舞子側の人出　　**橋上の開通式のセレモニーの参加者**

(平成 9) 年 12 月までの 5 年間以上にわたり、工事の進捗状況を毎月定点撮影した。この撮影によって、海峡の年間を通じての変化がよくわかった。夏の太陽は明石の街の向こうに落ちていく。冬は西の海に沈み、この光景は橋と合体し絵になる。

付近に朝霧、霞が丘などの町名があるように、天候不順で定期的に当月のうちに撮影できないこともある。このようなことから淡路の漁師が、海峡の空模様を見て天気を読みとれることがよくわかった。観天望気である。

現役のとき職場は三宮で、明石の自宅周辺との雨の降り方の違いもよくわかっていた。須磨山塊が西風をさえぎり、神戸港に対して良港条件をもたらしていることを、港湾の仕事をしている人たちはよく知っている。

六甲山も六甲おろしはあるが、港に対しては北風をさえぎる役目を果たしている。また、山腹が陽光をはね返し、街を明るくしている。

明石海峡大橋では耐風安全性の検討の風洞実験を通じて、現地風の分析を行い完璧な対応をしている。また荒天時の高波の時にも大型船は航行しており、橋も不沈艦船のようにがんばっている。

両者の姿は強風と高波との闘いを見せつけているように感じることがある。巨大な橋が完成して、自然の猛威に耐え、悪条件を克服した技術の勝利を感じることがある。

橋が完成し仕事の重圧から解放されると、まじめな工事中の話にまじって、冗談めかした余話が頻出してくる。この橋にかかわった先輩たちの多くは他界している。もはや手遅れであるが、余話集をつくればベストセラーになったかもしれない。ふり返れば多くの思い出がある。ふとしたことから、なつかしい思いがよみがえってくることがある。

役目を終えて退役し、上部が撤去された垂水観測塔を眺めていると、暗中模索、試行錯誤で取り組んだ塗装板曝露試験のことが思い出される。

塗装・塗膜試験は短期に結論をだすために、試験室において供試塗装板に塩水をかける塩水噴霧試験が行われる。これ

明石海峡大橋の夜景・連珠のかがやき

完成してライトアップされた明石海峡大橋を見ていると、橋の全体に苦労のあとや成果の宝物の光が、ドレスアップされているように思えてくる。月光やまたたいている星に橋の光が交信しているようにも思えてくる。大型船からもれる航跡の光も非日常的な想いを海上に浮かばせてくれる。昼も夜も橋の眺めはあきさせない。

は標準的な室内条件を設定したもので、最終的には大気環境、日照、風雨や海塩粒子等の現地の自然環境下での長期の野外曝露試験が必要である。

この長期の試験継続中に、塗料は日進月歩で新製品が開発されてでてくる。この場合すでに試験を行っているものに比べると、より良好な防食・防錆性能がある。

新製品にとびつきたくなるが、慎重を期して、すでに行っている試験と同じように検証をしなければ採用できない。これを採用するとなれば、せっかく行っている前の試験は中断、廃案になる。これで仕事が振り出しにもどり、莫大な経済的・時間的ロスを思うと断腸の思いがしてくる。

このような場合、前任者のことが気がかりになる。長期の経年劣化のことを考慮し、相当慎重な検討と取組みの覚悟がいる。

よりよいものを追求する技術者の気持と悩みを長期試験中の垂水観測塔はよく知り、仕事を共有している仲間のように思える。橋の完成後に役目を終えて、塔の上部が撤去され、残された塔の基部にいとおしさを覚える。

このような事例は他にも多くある。華やかな開通式のパレードの先頭集団は、苦難の道を経て押し出されてきたよろこびの塊のように感じられる。

この橋が世界遺産に登録される要因に、橋守の人たちの努力と、多くの下支えの技術、工事等の歴史とともに、新しいよき周辺環境がある。

明石海峡大橋が完成し、舞子側の周辺が整備されると、便利な JR、山陽電車等の公共交通機関を使って多くの人が橋の見学に訪れ、橋の科学館、海上プロムナード、孫文記念館へ足を運ぶようになり、新しい3点セットの観光スポットが出現した。また、近くの舞子ビラ（現シーサイドホテル舞子ビラ神戸）の宿泊客も橋の科学館へ立ち寄ることがあり、にぎわいを増している。

橋の科学館内には開館当初レストランがあり、併設のみやげ物コーナーでも人だかりができ、展示室よりも人気が高い雰囲気になっていた。いまは改装されて、落着いた広いロビーだけになり、来館者の憩いの場になっている。

観光バスでの来館者や小中学生の団体見学時には、館内は非常に混雑するが、3D の上映は人気があり、上映時間がくると吸いこまれるように上映室に流れこむ。

橋の科学館での小学生の主な質問

① 海峡幅は何メートルですか。（答：4,000m）
② 潮流はどのくらいですか。（答：秒速 4.0〜4.5m）
③ 海峡のいちばん深いところは何メートルありますか。（答：115m）
④ 1日に船は何隻通りますか。（答：約 1,400 隻）
⑤ 橋は台風で壊れないですか。（答：風洞模型実験では秒速 80m の風でも OK）
⑥ 主塔の高さは何メートルですか。（答：約 300m）
⑦ 橋の建設費はいくらですか。（答：5,000 億円。橋長 1m あたり 1 億 2,500 万円）
⑧ 工事は何年かかりましたか。（答：10 年）
⑨ 何人働きましたか。（答：延べ 210 万人。工事死亡事故 0）
⑩ 橋は何年もちますか。（答：良好な経年管理で 200 年以上）

ボランティア解説員をしているとき、小学生に対しては、3D の上映後、補足的な説明をして質問を求めるように心がけた。

例えば、海峡部の橋の建設費が 5,000 億円で、海峡幅が 4,000 メートルある。君たちの大きく開いた歩幅約 1 メートルの建設費はいくらになるかという問題を出しても、1 億 2,500 万円の答はなかなか出てこない。数字が大きすぎるせいかもしれない。

事前に館内の下見に来る学校もある。来館当日には学生が見学のシオリを持っており、その中に橋の重要ポイントを記入する欄が設けられている。それを埋めるために、パネルの説明文を熱心に読んでいる仲よしグループを見かけたりする。

ある時、入口に立っていると、小学生が近づいてきて、ぼくは「いちばんや」という。なぜかと問うと、いちばん先に館を出るということである。見学が始まったばかりで出られたら困るので、いちばんあとで出たら「ほうび」をあげると言うと、本当に最後に出てきた。適当な「ほうび」がないので、昼の食事用にコンビニで買ってあったおにぎりを一個プレゼントした。いちばん身近な品で、よろこびを友達に見せてはしゃいでいた。

こちらが貰うこともある。海外の研修来館者から説明後の質問に答えたあと、雑談に入ると、スモールギフトが手渡されることがよくあった。

自分たちも海外に行った時は同じようなことをした。別れぎわには特に親しみがわいてくる。来館記念の写真撮影の際にモデルとしての出番もある。

中国、韓国、台湾等からもよく来館する。台湾からの年配の来館者は日本語を上手に使う。館のパンフレットには日本語、英語、中国語がある。

あるとき、台湾からの来館者に中国語のパンフレットを渡すと、読めないので日本語のものを求められた。中国語はあまりにも簡略化されており、わからないとのことである。

早朝に台湾を出発して関西空港に着いても時間が早すぎて、すぐに観光地へ行っても待ち時間があるので、行程上、橋の科学館へ立寄るとのことである。このあとの行動が時間的にうまくいくということを聞いた。

時には開館前に来て待っていることもある。お目当ては3D を見ることであり、これが故障しているときは、一行の予定がくずれるので、本国の旅行本社へ連絡をとっている。上映がないための旅費の一部返金の相談である。

何回も来ている添乗員は在館時間の関係もあるので、館内の説明は慣れており、自信たっぷりでやっている。韓国の来館者への説明は同時通訳で進行する。言葉の並び方が日本語と同じことを知る。

入口玄関

内部ロビー

明石海峡大橋の展示館「橋の科学館」

橋の科学館は、主として明石海峡大橋の説明・展示をしているが、橋の教室、橋の写真展の開催等や休憩スペースがあり、親しまれる場所も併設している。

巨大橋が体感できる舞子海上プロムナード
　この施設はトラス補剛桁の中間部につくられており、展望施設とトラス補剛桁の空間部を回廊で橋の海面上の高さを体感できるようになっている。売店・軽食堂も併設されており、観光バスの団体客の人気スポットになっている。

　ある時、北朝鮮系の学校の生徒が団体来館したが、先生のほうが気をつかい過ぎ、その気苦労がよく伝わってきた。技術には国境はない。よく勉強してほしい。

　養護学級の生徒の来館では、引率の先生方の気苦労は大変なものである。また、高齢者も安全面の配慮、行動時間の管理も大変だと思われるが、このような人たちに明石海峡大橋のことを強く印象づけたい気持がわいてくる。

　日本人の来館者で困ることがある。近くの舞子ビラの宿泊客の早朝来館である。前夜の深酒の酔いがさめておらず、二日酔い気分の架橋反対ムードで、大声でさわがれることがある。

　税金のむだ遣いの見本だ。四国になぜ3本も橋を架けたか、ぜいたくである。通行料が高い。お前の給料が高いからだ。そのほかに、ここには書けないような言葉をまき散らす。

　ある時、近くに住む顔見知りの来館者から、この橋がまだ着工していない頃の地元説明会で、架橋反対のきびしい発言で主催者側をいじめていた人が、橋の写真コンテストで入賞し、とても喜んでいることを聞いた。なんとも釈然としない気持になる。

橋がなければ彼のよろこびはない。多くの人がかかわり完成した橋である。淡路島、四国の人たち、工事関係者などのよろこびは大きい。そのよろこびの中身が人それぞれに違っている。

日本の企業や研究者が外国の人を連れて来館することもある。日本の誇りである技術を説明してくれていることに感謝したい。ここで得られた技術情報が海外に発信されていることがよく伝わってくる。

淡路島の兵庫県淡路島夢舞台国際会議場で、日本航空宇宙学会主催の宇宙科学技術連合講演会が開かれたことがある。主催者から、会場へは明石海峡大橋を通ることから、特別講演に明石海峡大橋のことを話してほしいとの依頼が橋の科学館にあり、専門分野が異なるので困ったことになったとの思いで悩むことがあった。先方は科学技術の最先端である。こちらは済んだ話しかない。しかし時間的に余裕があったので、主催者とこちらの専門の違いについての協議を進めた。

今はアメリカとロシアが宇宙科学の開発研究の先陣争いをしているところで、日本は彼らに追いつけ追いこせの状態であると聞かされた。かつて、自分たちも長大吊橋の技術について海外に多くを求めたことがある。それで、夢のかけ橋時代のことを話に出すと、大いに共感を得た。講演では試行錯誤、失敗、失意の心理状況などもまとめて話すことにした。

講演時間の少ない関係から、会期 3 日間のうち、いつでも橋の科学館へ来館いただければ待機していることを告げて、講演を終わらせていただいた。帰途、橋の科学館へ寄っていただいた方には橋の話を十分にさせていただき、名刺交換もできた。いまでも大きな思い出として心に残っている。

この橋の工事中に阪神・淡路大震災をうけたことや、現場工事期間の 10 年間で、延べ 210 万人の現場作業員の死亡事故がゼロであったことなどの苦労のあとは、海峡に優雅な姿を見せている橋からは感じとれない。

橋の取付部のきめ細かな環境対策の努力も知ってほしい。かつてあった舞子側住民の架橋反対の声はどこかに消えたようである。周辺はパンとコーヒーがよく似合う街である。新しくできた明石海峡大橋が神戸のしゃれたスイーツを連れてきたように、地域は橋とともに華やいだ絵になる街になってきた。

淡路島は架橋前には、花とミルクとオレンジの島とか、古代の歴史とロマンとうず潮の島などと多彩な PR 標語で人々を引きつけていた。さらに橋ができて、島の特産品の玉ねぎがブランド化したり、ご当地グルメが競って出てきたり、熱

淡路島側からの明石海峡展望

橋の眺めは淡路島側のサービスエリアやハイウェイオアシスから満喫できる。大型観覧車もあり雄大な眺めも楽しめる。神戸側の夜景の新景観も味わうことができる。

気をおびたイベントが開催されたりして、観光客が増え淡路島全体が活性化してきている。

神戸からのドライバーには、島内の高速縦貫道の先にある大鳴門橋が、島の奥の院のように感じられる。車のスピードをあげて、うず潮との出会いに心をはずませている。その先は四国である。四国八十八カ所詣りをはじめ、四国側から見る瀬戸内の景色や観光名所にも多くの期待をのせて車を走らせている。

このルートの計画当初は、産業を中心にしたトラックの走行を意図していたが、いまは乗用車が非常に多い。そのあいだをぬって観光バスが連なっている。宅配便の車も走っている。時の流れを感じる自動車の流れである。

橋には淡路島の水不足を救済するため、神戸から直径 25cm の送水管が 2 本添架されている。また、電力、電話線も添架されており、交通以外にも橋は役立っている。

これからも橋は脈動をつづけ、所期の目的以上の効果をあげていくものと思われる。

■多くの知的財産、技術成果を生んだ明石架橋工事の道のりをふり返る

明石海峡に展開されていく架橋工事を見ていると、そこにたどり着くまでの間、①夢のかけ橋時代、②架橋の可能性を探る技術検討期間、③現地架橋工事本番、等を通じ、多くのことが思い出される。

海峡には工事の進捗に伴い、橋のそれぞれの構造部分が仕上がっていく。未完成部分には仮想部材をはりつけて、橋の完成を心待ちにする。

明石架橋工事の着工までの長い道のり

◆本四架橋 3 ルート同時着工からの変遷

1970（昭和 45）年に本四公団が発足。1973（昭和 48）年 4 月本四架橋 3 ルートの着工が決定し、あわただしい日々がつづく。

1973（昭和 48）年 11 月 25 日に 3 ルート同時着工の予定であったが、オイルショックの総需要抑制策により、着工がすべて凍結された。

その後 1 ルート 3 橋で架橋工事がスタート。1975（昭和 50）年 12 月 21 日、大三島橋が着工第一号橋として起工式をあげ、後続の橋も着工凍結中に積みあげた検討成果をもって着工していく。

大鳴門橋は、1976（昭和 51）年 7 月 2 日着工、1985（昭和 60）年 6 月 8 日完成。明石海峡大橋は、大鳴門橋完成後の 1986（昭和 61）年に起工式、2 年後に現場着工。

◆A ルートは大鳴門橋が先行着工でスタート

A ルートは、淡路島をはさんで両端に明石海峡大橋と大鳴門橋の 2 橋がある。淡路島の島内は 60km の高速道路で、本四架橋の海上橋を主体にした技術分野からは特別な工区になっている。

明石海峡大橋は、世界一の長大吊橋に伴う検討課題が多くあり、同時着工は難しく、大鳴門橋が先発着工でスタート。

［A ルートの工事区分］

1. 明石海峡大橋（海峡幅 4km）
2. 淡路高速縦貫道（島内 60km）
3. 大鳴門橋（海峡幅 1km）

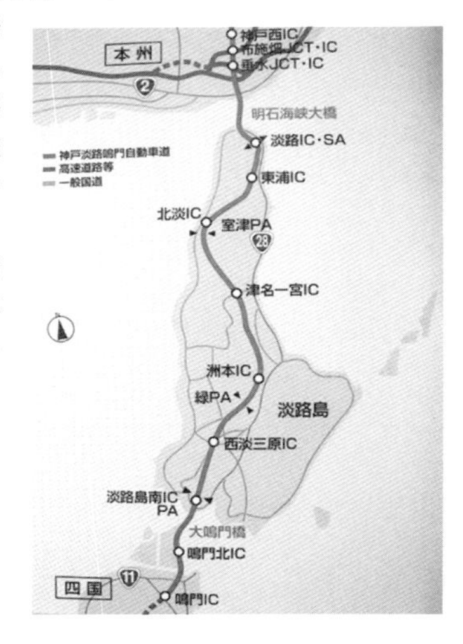

◆大鳴門橋一般図

大鳴門橋は道路・鉄道併用橋で設計され、淡路島側ではうず潮に影響を与えないように、海中にはアンカレイジを建設せず、ベントピアー(副塔)が用いられている。主塔と副塔の基礎は多柱式である。

右：断面図（単位：mm）
下：側面図（単位：m）

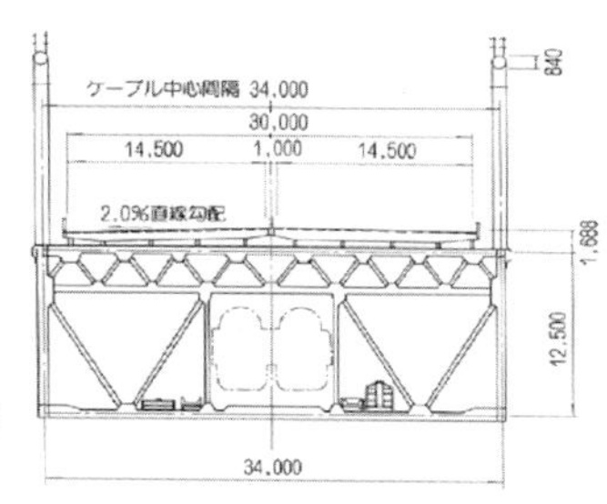

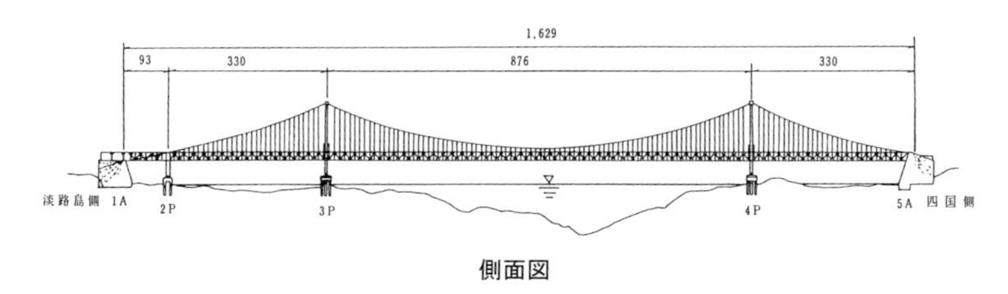

側面図

◆うず潮保全のために考案された多柱式基礎

吊橋は優雅な構造美を持っているが、ダイナミックなうず潮との合成美を考える必要がある。絵心の乏しい橋梁技術者には大きな課題である。さらに色彩美の検討も加わる。

うず潮が単体の大きな主塔基礎で消されないように、潮流が通り抜ける多柱式基礎を考案。多柱式基礎の海底岩盤掘削については、先行する工事作業用の仮設足場建設も本体部以上に難工事となった。この場合、掘削工事中の海水汚濁防止策も重要になる。

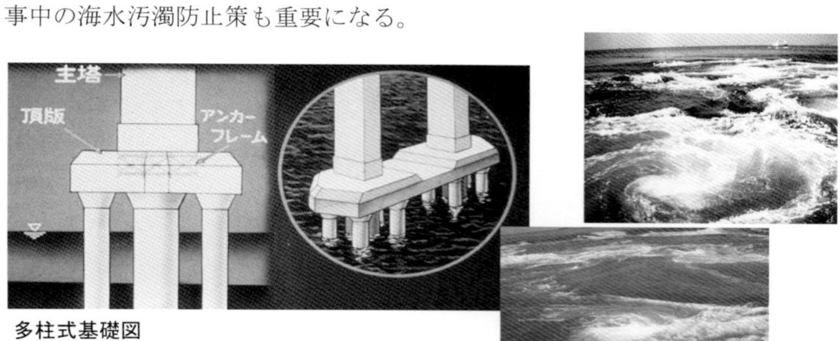

多柱式基礎図

巨大うず潮の発生

◆活気あふれる鳴門工事事務所

架橋調査業務から本格的な着工業務に移行し、増築された鳴門工事事務所。昼休みには当時流行していた“瀬戸の花嫁”の曲が流れていた。公団の団歌のように愛されていた。

鳴門工事事務所

◆大鳴門橋着工準備で神戸（第一建設局）と鳴門間を往復する公団の高速専用船

鳴門工事事務所は徳島県側の鳴門海峡現場近くにあり、業務連絡は大変である。公団の高速艇でも神戸から 2 時間以上かかり、危険な日もある。架橋の重要性が痛感される。

神戸港の公団専用桟橋

なると号

作業船あかし

架橋現地の動きの明暗

◆大鳴門橋建設にかける地元の熱気の高まり（夏の阿波踊り）

徳島県鳴門市の夏の阿波踊りから、徳島県住民の切実な架橋実現への思いが感じとれる。この光景は、架橋実現にがんばろうという勢いが満ちている。淡路島側からも阿波踊りにくり出し、架橋促進の連帯感を強めている。鳴門工事事務所も踊りの連に参加している。

◆明石架橋反対の舞子地区住民集会

公共事業反対の世の中の流れで、かつての熱気ある明石架橋建設促進運動から一転して、架橋反対の住民運動が日ましに激しくなる。これは環境問題が中心で、本四公団、神戸市の対応に架橋反対運動は高まるばかりである。

架橋反対の舞子地区住民集会

◆オイルショックで本四架橋事業は止まる。前途暗雲

1973(昭和48)年11月25日の本四ルート同時着工の予定が5日前の20日の朝突然に、オイルショックによる総需要抑制政策で着工がストップになった。

瀬戸内の海は静まりかえっている。活気がない。明石架橋は多くの調査・検討事項があり、先行き不安な中で遅れを取り戻す好機でもある。調査継続の方針がでたことにより、早期着工にむけた慌ただしい仕事から、落ち着いた仕事ができるようになった。

初期の基礎的な現場データの観測は、垂水－岩屋ルートから舞子－松帆ルートの調査に移行し、データの蓄積が進む。

垂水潮位観測所

海上観測台（淡路島・田ノ浦）

1ルート3橋の着工で活気づくオールジャパンの架橋工事

◆1ルート3橋の起工式がつづく

オイルショックで凍結されていた着工も1ルート3橋（児島－坂出ルート、大三島橋、因島大橋、大鳴門橋）でスタート。元気を取り戻した公団内部は活気にあふれ、明石架橋も明るい取組みが始まる。Aルートは大鳴門橋から着工。

大鳴門橋着工、1976（昭和51）年7月2日

◆1ルート3橋の着工第1号の大三島橋

明石架橋は多くの調査検討項目をかかえ、先の見えないところもある。先発工事の橋から有用な情報をもらうことが多く、身近に現場見学もでき士気向上につながる。

1975（昭和50）年12月21日着工、本四公団最初の完成橋である大三島橋の技術が明石架橋につながっていく

◆瀬戸大橋海中基礎岩盤の大発破工事

本四架橋 3 ルートの大きな橋はすべてが海上橋である。大水深、急潮流、航行船舶、漁業問題等がある。先行工事で関連する問題を解決して仕事が進み、多角的な技術成果が蓄積される。

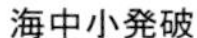
海中小発破

海中大発破

◆海上工事（下部工）の経験による成果が蓄積

主塔基礎の海上作業の初期段階では、予定した工事計画どおり軌道に乗るかどうか、緊張した現場展開がある。天候悪化で現場に接近できないときは大変気がかりである。

ケーソンの海上運搬と設置工事

◆海上コンクリート打設作業、架設工事の経験蓄積

橋の構造部分が順次できあがり、進捗するなか、次の作業のことも考慮しながら工程管理がされる。工事現場周辺の海域の安全管理も重要で、特に天候が気になる。

架設工事

共用アンカレイジ

◆多くのタイプの橋の工事経験と成果の蓄積

児島－坂出ルートでは、吊橋、斜張橋、トラス橋等があり、鉄道併用橋の構造部からも貴重な成果が生みだされる。

構造物が完成しても、不具合の検査、見直しを行い、完全には気が抜けない。

供用開始後の問題発生の心配も頭をよぎる。設計者も現場を訪れ、自分のやってきた仕事をふり返る。

1940（昭和 15）年の大鳴門橋の架橋発想を実現し、明石架橋へとつなげていく

◆大鳴門橋基礎の海上工事現場

明石海峡大橋の海中基礎の検討作業中に、大鳴門橋工事現場からの技術情報が入り、補足したいアイデアが浮かんでくる。時には意見交換のため現場を訪れる。

神戸－鳴門ルートでは、先行着工の大鳴門橋の技術成果、経験が明石架橋に応用できる

◆大鳴門橋の徳島側アンカレイジ工事

構造物は、鳴門海峡の環境・景観に配慮したものとなっている。巨大アンカレイジができあがってくると、うず潮の発生とともに現場周辺は活況を呈していく。工事が完成すると周辺は原形復旧の課題がある。慎重な工事が進む。

徳島側アンカレイジ工事

◆大鳴門橋の主塔架設工事

鳴門海峡のうず潮と闘う苛酷な作業光景。うず潮が発生し、作業のできない潮待ち時間と作業効率向上のはざまで危険な現場雰囲気がある。

現場接岸も、潮の流れの変化で苦労が多い。

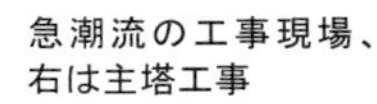

急潮流の工事現場、右は主塔工事

◆大鳴門橋の補剛桁架設工事

作業中、大きなうず潮に気をとられての転落事故防止に留意。作業警戒船は潮流変化に応じて、救助の待機位置を絶えず変え、うず潮の流れの中で苦戦している。

補剛桁架設前の状況（左）、補剛桁架橋工事（右）

◆うず潮に配慮した多柱式基礎

工事中の大鳴門橋の現場を遠望しても、構造細部の自然環境への配慮箇所は明確にはわからない。橋の建設によりうず潮に影響を与えないことが大命題である。多柱式基礎の円柱の岩盤掘削工事は、掘削破砕岩、作業注水管理もあり、慎重な作業が求められる。接近すると配慮がよくわかる。

ベントピアとアンカレイジの工事（左）、多柱基礎（右）

◆淡路島・門崎半島取付部

大鳴門橋は鉄道併用橋で建設されている。淡路島側の門崎半島部に将来の鉄道の占用部が残されて完成する。工事は半島部を占用しないで、海側から行われる。この状況からも周辺の景観・環境に配慮していることがよくわかる。

門崎半島取付部

◆大鳴門橋完成

大鳴門橋の完成は、明石海峡大橋の実現を保証するかのように、心強い印象を与える。完成式は身内のよろこびの感じがする。これからは島内の高速道路を延伸、北上させ、早く明石海峡大橋につなげたい。（大鳴門橋完成の 1 年後に明石海峡大橋の起工式、その 2 年後に現場着工式）

1985（昭和 60）年 6 月 8 日の開通式と大鳴門橋全景

長く待たされた起工式、海峡は華やいでいく

◆明石海峡大橋起工式

やっとたどりついた感じのする起工式は、到達点と出発点を共有した雰囲気である。舞子側の住民の架橋反対運動が続くなか、これから多くの苦労があるが、計画どおりの工事が展開していくことが望まれる。

◆明石海峡大橋現場着工式

起工式後、静かな海上現場風景がつづいたが、その 2 年後に現場着工式が行われ工事が動きだした。広い海峡での海上作業なので、活発な現場風景はまだ見えない。

〔1986(昭和 61)年 4 月 26 日起工式。2 年後の 1988(昭和 63)年 5 月 12 日現場着工式。2 年間現場未着工〕

現場着工セレモニーと海底のグラブ掘削着工

◆主塔基礎工事手順図

主塔基礎の設置ケーソン工法は、室内実験、現地模擬実験等を行い、施工計画が確立されているが、苛酷な現場条件に未経験の不安材料が多い。蓄積された経験技術を総動員し、不測の現場事故も想定し、工事が進められる。

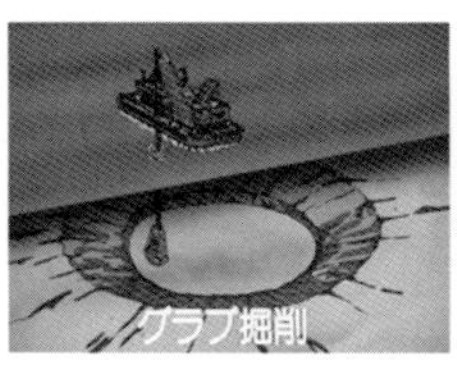

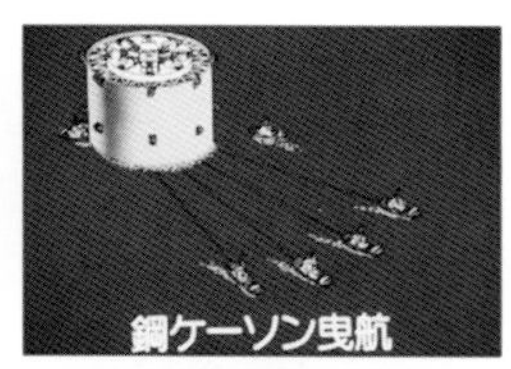

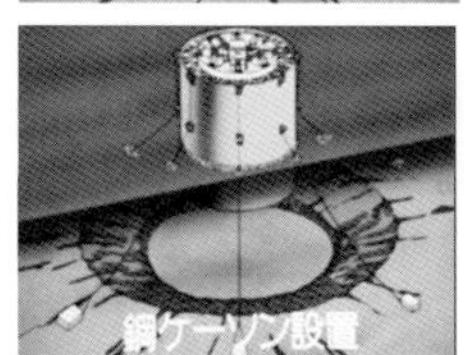

多くの模型実験と現場実験で施工法を確立

◆海峡主塔基礎掘削工事

設置ケーソン工法の事前の海底掘削工事は、不安定な作業のくり返しである。所定の海底掘削の仕上がり精度が得られるか、やってみないとわからないという現場の雰囲気がある。

海底掘削工事

海底掘削土の運搬船

◆鋼製主塔ケーソンの工場製作

直径 80m の二重壁鋼製ケーソンは造船所のヤードで製作。横幅がかろうじてヤードに入る大きさで、巨大船の建造のような工場風景。巨大すぎて橋の構造の一部分であるという実感がわかない。

鋼製主塔ケーソン組立製作
（二重壁底板つき中空構造）

ケーソン工場製作
（造船所ヤード内）

◆主塔基礎二重壁鋼製ケーソンの海上曳航運搬

三重県津市の造船所で製作された舞子側のケーソンは外洋曳航になったが、不安定浮体に対する安全対策と、不測の天候変化にも最善の配慮をして計画・挙行された。

完成した鋼製ケーソンの
クレーン船による吊り出し

鋼製ケーソンは津市と玉野市の
造船所より海上曳航

◆海峡設置作業

淡路島側のケーソンは岡山県玉野市の造船所で製作された。沈設のためのケーソンの二重壁内への海水注入作業は、急潮流、大水深の中で慎重に行われ、設置誤差は±5cm。

設置位置に碇着

沈設完了

◆主塔基礎周辺の海底洗掘防止工

事前の実験による結果から、工事初期に大きく発生する海底洗掘の防止工は、時間との闘いで実施された。実験で洗掘状況を想定しているが、洗掘範囲の拡大も気がかりである。

洗掘防止工、砂袋投入

砕石急速投入

◆二重壁鋼製ケーソン内のコンクリート打設作業

海峡に生コン工場出現。ケーソン内へのコンクリート打設注入作業は高さ 3m ごとの間隔で行われ、コンクリートの硬化を待って、次の流し込み作業が昼夜連続で行われる。

海上コンクリートプラント船によるケーソン中詰作業

夜間の連続作業風景

◆二重壁鋼製ケーソン頂部の工事現場状況

海上でのコンクリート工事に必要な施設は、すべて造船所のヤードで装備されており、ケーソン上部は非常に混雑した現場風景である。その下には25本のコンクリート投入管が林立している。

二重壁鋼製ケーソンの中詰に用いるコンクリートは、海上プラント船でつくられ打設される。

このコンクリートは良好な作業性と投入管内を流動する高流動の特殊コンクリートを、海水を真水にした水で練り施工された。

ケーソン頂部の作業現場

◆主塔基礎工事完了

鋼製主塔の土台となるアンカーフレームが、ケーソン基礎内に設置され埋め込まれる。これで海上主塔基礎工事が終わり、次は陸上工事条件での上部工の鋼製主塔架設工事が始まる。

アンカーフレーム設置工事

頂部のコンクリート打設完了

あまり目立たないが下部工の工事は着実に進行している

◆舞子側 1A アンカレイジの下部工

慎重な精密地質調査を行って決定された舞子側のアンカレイジは、構造も工事手順も 2 段階になっている。大きな水平力に対して、コンクリートの重さで抵抗するよう工夫されている。

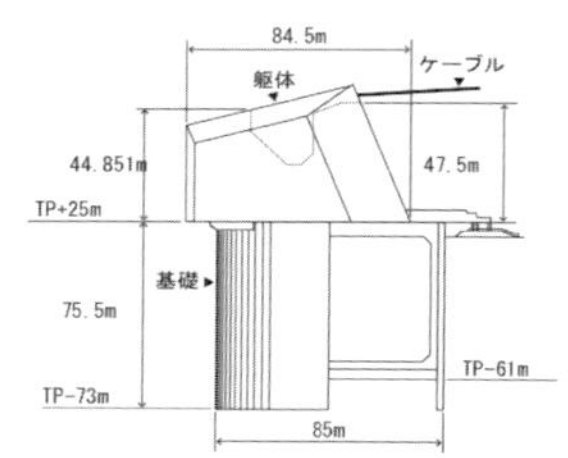

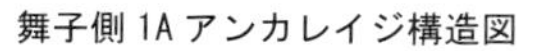

舞子側 1A アンカレイジ構造図

◆工事現場とアンカレイジ基礎部の工事

工事現場には、海に近接して直径85m、深さ 63.5m の地下空洞ができた。底部から地下水が吹き上がる懸念がある。ここでは中詰コンクリートで埋め戻す工事であるが、これによって躯体の重量が得られる。重機械を用いて、埋め戻しの中詰コンクリートの締め固めが入念に行われる。

工事現場全景

地下連続壁工事

中詰コンクリート打設工事

◆アンカレイジ基礎部の上部完成

アンカレイジの構造が上下に 2 分割された形式で、上部の躯体部と基礎部の境界の仕上げ部分では工事のやり方が異なることから連続性に留意し作業が行われる。

円型基礎上部の一部完成状況

◆アンカレイジ躯体部の工事

アンカレイジ躯体内に組み込まれるメインケーブル定着用の鋼製アンカーフレームが設置されていく。海側から直接基礎上部にセットされ、工事は海岸の現場条件を活用している。

アンカレイジ躯体内に埋め込む鋼製メインフレームの海上運搬と設置作業

◆アンカレイジの躯体コンクリート打設作業

コンクリートは硬化するとき発熱する。その後収縮して亀裂が発生する。亀裂が表面にできると美観が悪化し、雨水侵入で耐久性が劣るので、外面に工事後も撤去しない化粧型枠を使用。

外面化粧型枠設置作業

躯体コンクリート打設作業

◆舞子側 1A アンカレイジの躯体完成

コンクリートの打設作業が終わったアンカレイジの完成体は巨大で、吊橋のどの部分になるのかイメージがわいてこない。周辺を威圧するコンクリートの塊の出現で現場が活況を呈してきた。

躯体コンクリート打設作業終了

◆淡路島側 4A アンカレイジの作業

淡路島側 4A アンカレイジ上部の見える部分は舞子側と同じである。基礎部分が岩盤で、全体は単体的で小さいが、メインケーブルをつなぎ止める重量は十分にある。

工事現場は舞子側と同じように海岸を埋め立て、海からの工事資材搬入用の船泊りも併設されている。ここは漁港が近くにあり、海上の工事資材運搬には留意する必要がある。

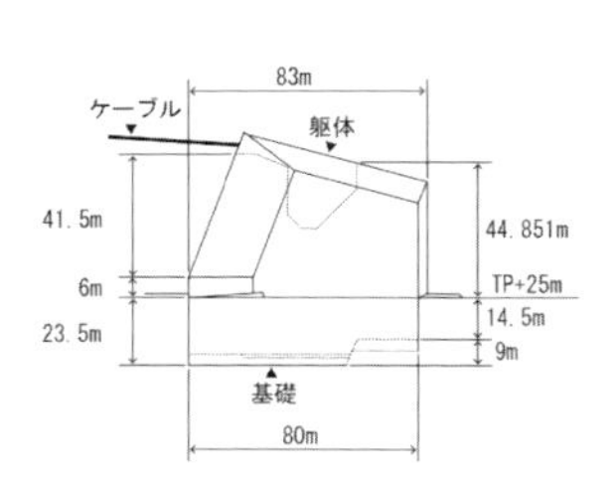

淡路島側 4A アンカレイジ構造図

工事現場全景

◆アンカレイジ基礎の花崗岩掘削工事

基礎部の岩盤は良質な花崗岩で、削岩・掘削に重機械を使用する難工事の部分もあるが、特別問題のでてくる現場ではない。しかし、重機使用による工事公害には留意する。

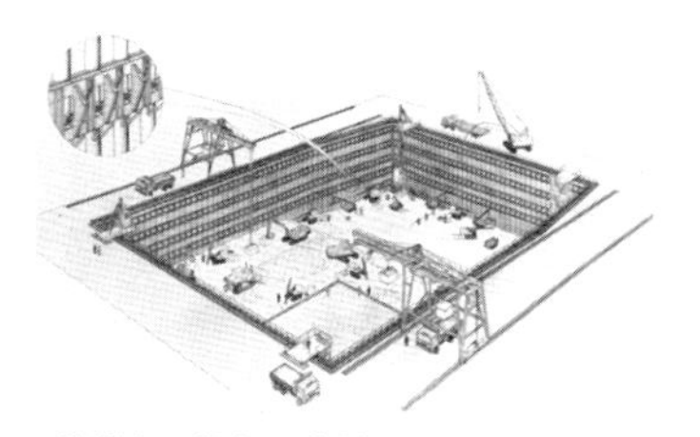

花崗岩の掘削工事説明図

基礎部の掘削工事現場

◆アンカレイジ基礎の工事現場

現場は埋立地内にコンパクトにまとまった工事現場風景になっている。位置的には明石海峡の対岸ということで、工事中は若干の孤立感があるが、順調に工程は進捗している。

淡路島側 4A アンカレイジ工事現場

◆淡路島側 4A アンカレイジの躯体完成

両岸に巨大なアンカレイジが完成し、明石海峡大橋の大きいことが海上の主塔基礎とともに、実感できるようになってきた。この後は、よく目立つ上部工事に入っていく。

淡路島側のアンカレイジ躯体も完成

海峡に目立っていく上部工の工事スタート

目立って海上に展開していく上部工の工種は、①主塔工事、②ケーブル架設、③補剛桁架設、④舗装工事になる。この工事は大きく分けて、工場製作工事と現場架設工事となる。

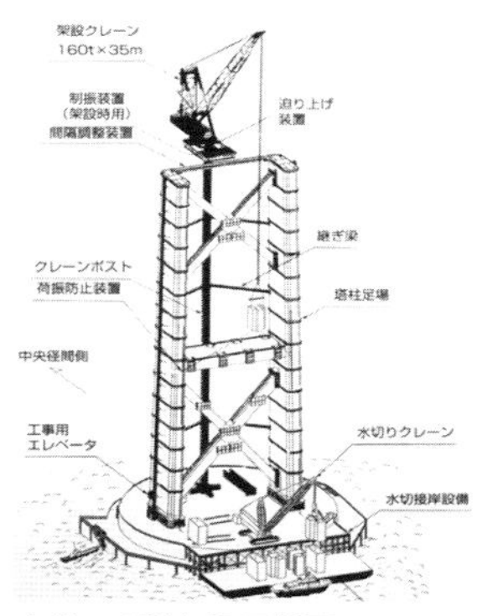

主塔の現場架設要領図

◆主塔の現場架設工事

主塔は約 300m の高さで、工場製作した 30 段の部材を積み上げていく。1 段の部材は横方向に 3 分割されており、これを高所の現場で組み立てる。この場合、継手部分の微調整が必要になる。

◆鋼製主塔の工場内製作加工作業場

工場では厚板の高強度の鋼材が切断・溶接され、部材が製作されていく。大型部材になるため、高度な工場施設、加工技術が要求される。部材の取扱いや運搬等も重作業で、製作工期も急がされる。

鋼板の自動切断

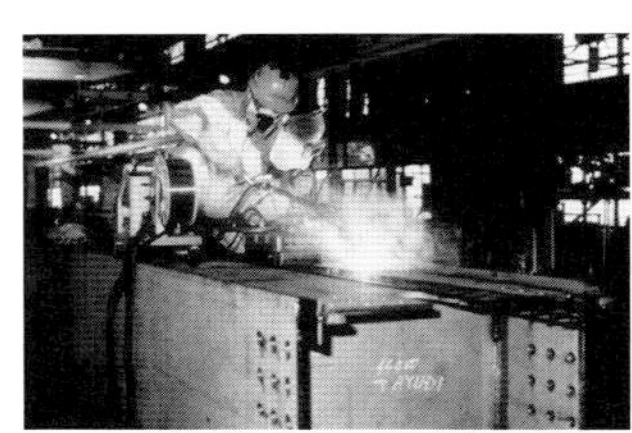
部材溶接

◆主塔部材端面の工場機械切削

すべてが大型部材であるため、特殊大型加工機械を用いての作業は大変である。製作精度も求められる。特に部材接合部の仕上げ精度は、現場での不整合がないように留意。

主塔部材端面の切削作業

◆主塔基礎部鋼製部材の架設工事

高さ約 300m の鋼製主塔の最初の立ち上がりになる底板の現場設置作業は、その後の部材立ち上がりの基本となる。このため基面のコンクリート部は精密に磨き仕上げをされ、鋼製底板との接着面は完全を期して慎重な作業が続く。

底板の架設

基部材の架設

◆主塔水平部材の架設

高所での架設部材の吊り上げ、狭小部への大型部材の挿入、接合は難工事で、接合部材の取付微調整もあり、危険な現場では全作業員の連携と慎重な作業が求められる。

◆架設用クレーンによる主塔架設工事

主塔が高くなるにつれ工事が難しくなる。耐震・耐風対策に加えて鉛直架設精度が気になってくる。完成を急ぐが、孤立した現場で安全と確実な仕上がりが必要とされる。

◆主塔鋼製鉛直部材の接触端面の継手部メタルタッチ検査

垂直に積み上げられた部材相互の完全な接触は、50%以上のメタルタッチが求められる。現場で入念なチェックが必要となる。継手部は高力ボルトで接合されるので安全である。

架設用クレーンによる主塔架設

継手部メタルタッチ検査

◆鋼製主塔の地震と風に対する制振対策

制振装置は大きいので、完成後の取付けが困難で、架設時に部材内に取付装備する必要がある。取付位置は模型実験等によって主塔の効率のよい部位に20基を装着。

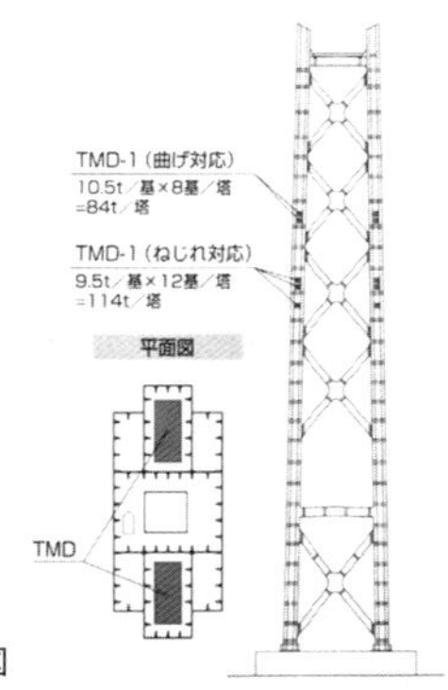

制振装置全体配置図

制振装置を組み込んだ部材の架設

◆鋼製主塔の架設工事

塔頂の最終段階での高所作業は手数が多く、万一手抜かりがあっても追加、補足作業は不可能に近い。高所の狭い所での入念なチェックと仕上げに慎重な作業がつづく。

主塔塔頂での高所作業

◆主塔の完成と工事見学者用の展望タワー

アンカレイジと主塔の完成により、海峡内に橋の完成イメージを描く話題が多く出てきた。現場の見学者も増える。中には耳学問の知識をふりかざして説明する人もいる。見学者用の展望タワーは、補剛桁とほぼ同じ高さの 80m。

展望タワーの入り口

工事見学者用の展望タワーと主塔

◆パイロットロープの渡海作業

海峡に最初にかけ渡すパイロットロープは、海峡が国際航路であり、航路遮断ができないことから直径 1cm の化学繊維製のロープを用い、ヘリコプターによる方法が採択された。

◆メインロープ架設の準備作業

直径 1cm のパイロットロープから鉄製のホーリングロープへの移行は、海峡をまたぐ本格的なつながりの第一歩を実感する光景。キャットウォークも完成し、空中の高所作業が始まる。

ホーリングロープの渡海（左）とキャットウォークの架設工事（右）

◆舞子側現場に並ぶメインケーブル

期待していたメインケーブルの素線強度（180kgf/mm^2）が向上し、架設法もリハーサルを経て、プレハブパラレルストランド工法になった。

ケーブル素線の端部（橋の科学館）

直径 4.4m、幅 3.5m のリールに巻かれ、総重量約 100 トンが海上運搬されて舞子側作業基地に並ぶ

◆メインケーブル架設工事

ケーブル架設工事は舞子側を基地にして、ケーブル引出し作業を展開。アンカレイジ部、塔頂部の吊橋各部での作業は、作業員の相互連携による調整作業が中心である。

アンカレイジ背面架台へケーブルリールの吊上げ

メインケーブルの架設工事

スクイジングマシンによる円型整形作業

◆入念なメインケーブル架設状況

鋼線は日中の太陽熱による温度上昇で伸び、寸法計測が正確にできない。温度変化の少ない夜間計測作業が連夜行われ、対岸や塔頂から連絡をとりあって調整作業が進む。

左：ケーブルの夜間計測
右：ケーブル端部の長さ調整用金具取付状態

◆メインケーブル防食・防錆送気設備

メインケーブルは吊橋の命である。その作り方については海外の事例を研究し、日本独自の方法を創案している。完成後の防食・耐久性についても独自に送気乾燥システムを考案した。

ケーブル送気設備機械（主塔の補剛桁部に設置）

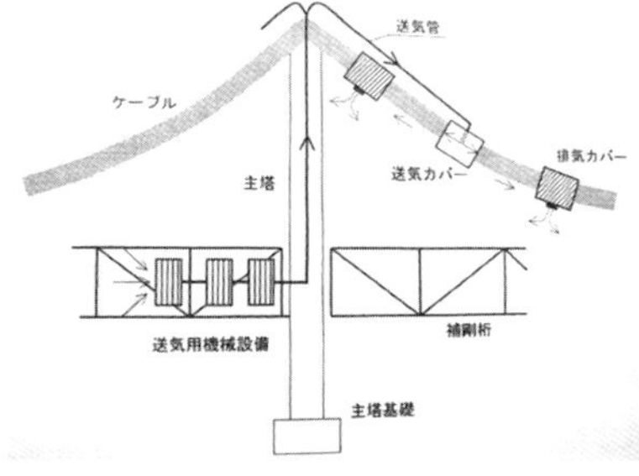

送気設備機械の設置図

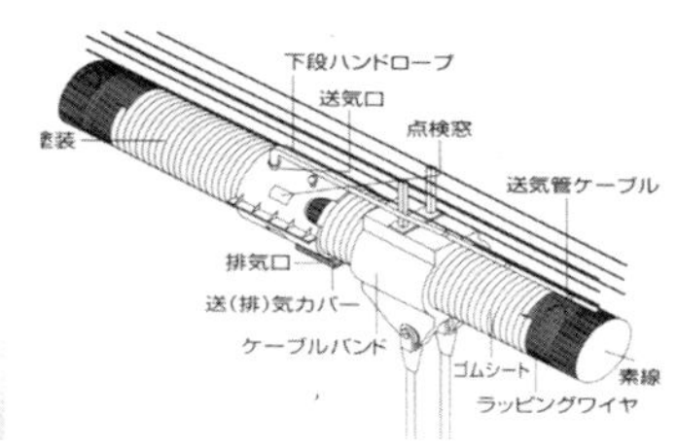

送気乾燥システム概念図

◆補剛桁架設前の現場

メインケーブルが完成し、補剛桁の架設工事の準備作業が、スムーズに進んでいる光景が出現している。補剛桁を取り付けるハンガーロープの吊り下げは夏の風物詩を感じさせる。

補剛桁架設前のハンガーロープ

◆メインケーブル架設工事中に阪神・淡路大震災発生

完成形の吊橋の風や地震に対する配慮は十分にしているが、構造的に非常に不安定な工事途中で、阪神・淡路大震災に遭遇した。舞子側の家屋も大きな被害をうけており、どの程度の被害をうけているか心配がつのる。

地震が襲った明石市の地震発生時刻 1995(平成 7)年 1 月 17 日 5 時 46 分を指して止まった時計（明石市立天文科学館）と周辺家屋の被害状況

◆阪神・淡路大震災による明石海峡大橋の被災

震源が架橋地点の近くで驚く。設計ではマグニチュード（M）8.5 の地震を想定している。この地震は M7.3 で、宇宙衛星による橋の被害状況の測定結果から、変形値は検討の結果、許容範囲内であった。（本四公団資料）

■基準点の変動

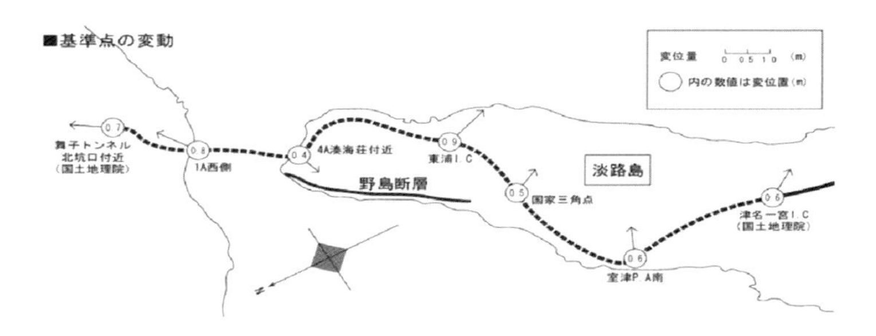

■橋への影響

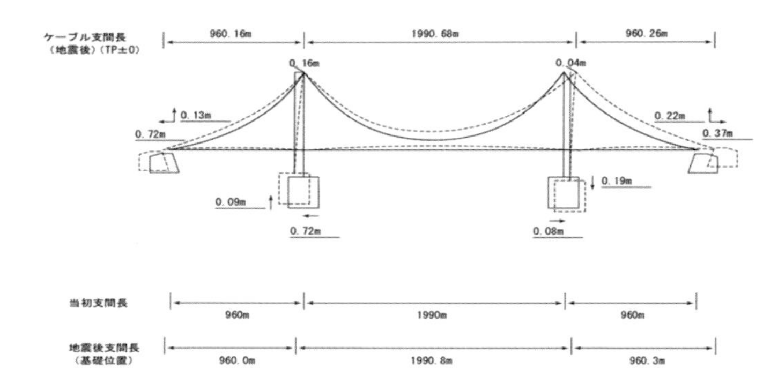

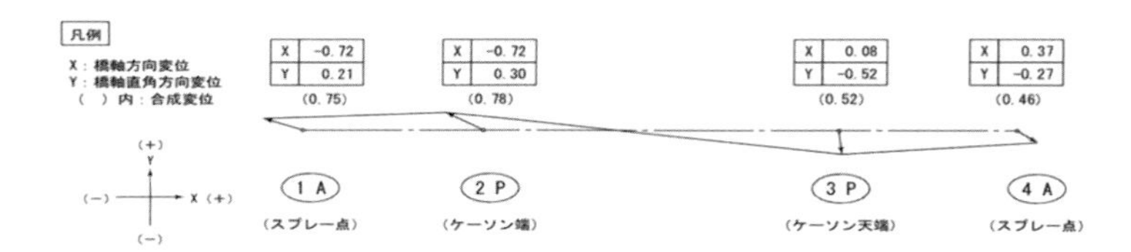

想定外の地震をうけるが、橋はよく耐えた

◆メインケーブルスクイジング機の地震被害

地震発生時の現場は工種の変わり目で、架設工事用機械は、メインケーブルを円型に整形するケーブルスクイジング機のみの被害。構造各部の地震被害調査後 1 カ月たって工事再開。工程進捗に影響なし。

スクイジング機のみの被害

◆危険な作業

地震被害寸法誤差による安全検討も進み、補剛桁架設工事は、手順どおり開始された。地震によって伸びた中央スパン 80cm と淡路側の側スパン 30cm の被害寸法は、補正部材の現場合わせで対応する。時には危険な場所での点検や確認の作業もあるが、作業員の互いの連携が大切である。延べ 210 万人の工事作業員のうち、工事死亡事故はゼロである。特筆すべきことである。

高所での危険な作業

◆補剛桁架設工事の進捗状況

面材架設部材の取付けは空中作業で、安全面から作業員の落下防止用の設備が、補剛桁下面に取り付けられる。これは部材、工具類の海面上への落下防止にも役立っている。また、海上警戒船が昼夜 24 時間安全、救助体制をとっている。

落下安全防止工（桁下面）

面材架設工事

◆補剛桁の最終閉合工事

補剛桁の最終閉合工事が手間どっている様子で、最後の工事の慎重さがうかがえる。地震被害部の現場合わせの部材調整もある。完全閉合の時が待ちどおしい。

工事の達成感は随所にあり技術成果の知的財産も多く残した

◆補剛桁閉合式

工事の変わり目では、なんらかのセレモニーがある。補剛桁の閉合では橋上の現場に式場が設けられて、いちばん盛大に行われる。補剛桁に最終締結の金ボルト（左下写真）が締め付けられる。

関係者による橋面部材の閉合締結式

最終結合金ボルト部材

橋上現場での補剛桁閉合式典

◆補剛桁閉合、トラス内部

補剛桁全体が結合され、架設工事用の機械がすべて撤去されると、構造体が完全に仕上がった感じをうける。トラス部の下段は 2 車線の管理用通路で、管理作業車が利用する。

管理用通路

◆橋面の仕上げ作業

補剛桁が完全につながり、4,000m の橋上を自由に行動できるようになった。現場監督員は徒歩では効率が悪いので、自転車を多用する。橋上現場にはまだ危険がある。

舗装工事

自転車で工事監督

◆添架施設の工事

本橋部には淡路島の慢性的水不足を補うため、直径 25cm の送水管 2 本をはじめ、送電線、電話線も取り付けられる。橋は交通のほかに都市インフラ面でも貢献している。

水道管の併設

海上プロムナード・ガラス通路

◆舞子側トンネル工事

本橋部の工事に並行して取付部の工事も進捗している。舞子側のトンネルは、事前にトンネル断面に合わせて水平方向に鋼管杭を施工し、掘削土の崩落を防ぐ新工法を考案。(アンブレラ工法)

広幅員トンネルと砂礫地質に伴う特殊工法の採用

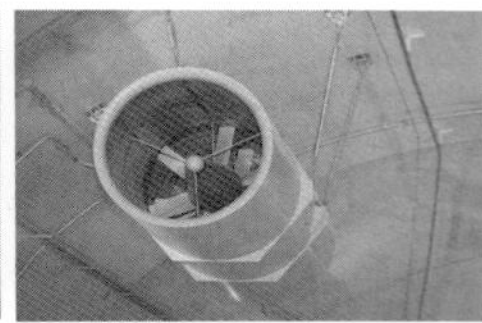

完成トンネル内部（左）と換気扇（右）

◆トンネル内の自動車排気ガス排出施設

ガス排気塔の位置（白枠内）

舞子側取付道路では、舞子墓園と垂水ゴルフ場がルート選定上有利な条件を備えている。広大な舞子墓園内に、トンネル内の自動車排気ガスの排気塔（直径10m）を設置して環境面に配慮。

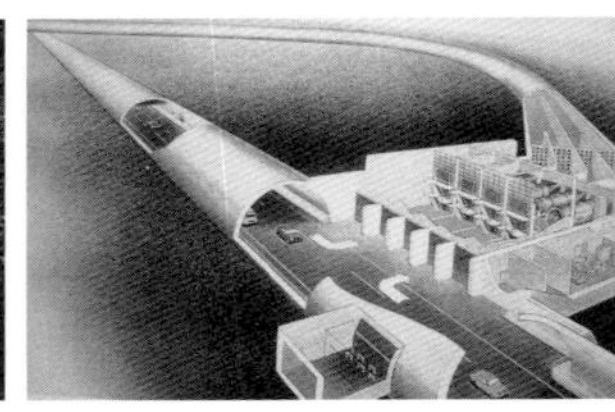

舞子墓園内のガス排気塔（左）と排気装置図（右）

◆舞子側トンネルの工事

舞子側の環境対策は周辺住民の要望を入れ、可能なかぎりの対策をしている。工事中の公害対策はもちろんのこと、完成後の自動車騒音対策も十分に配慮されている。

トンネル入口部の工事

シェルター設置工事

◆塔頂からの舞子側住宅地の眺め（防護壁、シェルターが見える）

舞子側を遠望すると、環境対策に万全を期した満足感が伝わってくる。架橋反対の声が本当にあったのか？　反対運動の住民大会でつらい思いをしたが、いまは達成感にひたる。

◆垂水ジャンクション全景

垂水ジャンクションの広大な用地確保は、周辺住宅地との関連では大変であったが、十分な機能が発揮できる用地を確保できた。接続する高速道路網と有機的にリンクする。

◆淡路サービスエリアと明石海峡大橋

淡路島側 IC にはサービスエリアを併設し、明石海峡大橋を含む一大パノラマを創出している。海峡航行船の眺めも時を忘れさせる。また神戸側の夜景も新観光名所になっている。

◆ライトアップの試験点灯

橋には付属施設、付帯設備等の細部の仕上げ作業が多くある。橋のライトアップも試験点灯のチェック作業がある。これは夜の観光スポットを演出するので手抜かりは許されない。

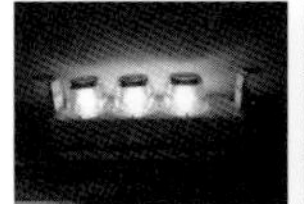

3 色灯具

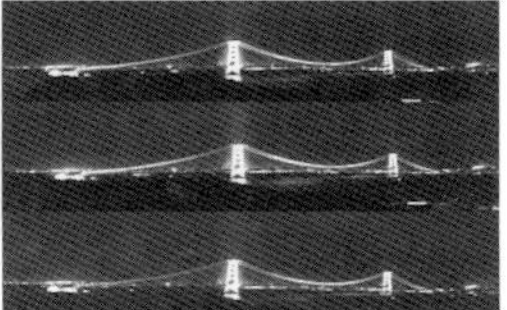

試験点灯でのパターン確認

◆工事の区切りのよろこび

長い間苦労した工事の区切りでは、苦労を忘れ、現場での高揚感に満ちたセレモニーが行われる。人生のアルバムの中で、大きく引き伸ばして自慢したい光景である。これは工事にかかわった者にしか味わえない。ここで働いた延べ 210 万人の作業員が共通して味わったよろこびである。

完成間近い明石海峡大橋は海峡にすんなりとおさまり、構造美を誇示している。橋の色は周辺の環境との調和を配慮して決められた。その色は、グリーン・グレー色である。

仕上げを急ぐ橋上、舞子側工事現場

塗装仕様

塗色：マンセル記号 5GY-7.5/1.5
（グリーン・グレー色）

主塔：（6層塗布 250μ）

- 上塗　フッ素樹脂塗料
- 中塗　エポキシ樹脂塗料
- 下塗　厚膜型エポキシ樹脂塗料

補剛桁：（6層塗布 250μ）

- 上塗　フッ素樹脂塗料
- 中塗　エポキシ樹脂塗料
- 下塗　厚膜型エポキシ樹脂塗料

橋の海塩粒子による防食・防錆には、垂水観測塔での長期暴露試験板により得られた成果を検討し、塗装仕様を制定した。部材は工場塗装の重防食塗装がされている。

◆事務所内での慰労会

工事の区切りでの事務所内は、仕事の内輪話がつきない。失敗談、苦労話、反省点など総締めくくりの場で、次の仕事への闘志を燃やす。現役時代の活躍のひとコマは、定年後も元気をもらえる。

◆家族の支えで仕事ができる

単身赴任の親との再会と仕事場の雰囲気に加え、橋の偉大さに目を輝かして、仲間との絆を感じている光景。大きくなれば、懐かしい思い出をつれて橋を再訪したい。

ようやくできあがった世界一の長大吊橋の完成のよろこび

◆開通式前の渡りぞめでにぎわう橋上

人の重みで橋が大きくたわみ、よろこびの感動で大きくゆれるような感じがする。巨大橋の体感と晴天にめぐまれた橋上からの展望に、人の流れはゆるやかになる。

開通式前の渡り初め

◆明石海峡大橋完成全景

開通式は橋の一大セレモニーである。新しい橋が始動する。架橋関係者がいちばん誇りを感じ、また重荷から解放される日でもある。橋上を走る自動車の列を早く見たい。

淡路島側から見る橋の全景

開通式典 1998(平成 10)年 4 月 5 日

◆世界一の長大吊橋のギネスブック認証状（橋の科学館展示）

明石海峡大橋の実橋を見て、偉大さを実感するが、世界一の長大吊橋を証明するギネスブックの証書で日本の誇りを感じる。証書は橋の科学館に展示されている。また土木学会の表彰状も共にある。

メインスパン長とタワーの高さが世界一

◆役目を終えた垂水観測塔

長い期間明石海峡の現場資料の観測を終え、架橋促進のモニュメントとしての役目は終わった。上部は撤去され、ひそかに残された観測塔基部では地震観測と塗装の塗膜曝露試験が継続されている。

◆本四3ルートの技術成果の総括

本四架橋 3 ルートの建設で得られた多くの技術成果は、日本の知的財産となり、多方面で活用されていく。その中でも明石海峡大橋で得られた成果は特に貴重である。

本四高速〔株〕所蔵図書資料数

種類	所蔵場所	数量
関連図書	舞子ビル	16, 500 冊
論文関係	舞子ビル	10, 200 冊
A ルート(業務資料)	1A アンカレイジ内	12, 100 冊
A ルート(業務資料)	4A アンカレイジ内	27, 400 冊
D ルート(業務資料)	水島 IC 資料倉庫	66, 400 冊
E ルート(業務資料)	向島 IC 資料倉庫	33, 000 冊
合計		165, 600 冊

事業費の総括　3兆3,769億円

神戸・鳴門ルート　1兆5,000億円
（うち明石海峡大橋分・5,000億円）
児島・坂出ルート　1兆1,300億円
今治・尾道ルート　7,500億円

◎ 注： 特許件数 144 件(2000 年 3 月現在)

◆新名所の創出

新景観の観光場所の出現により思わない光景に出会うことがある。海外からの見学者が多いときには、かつて海外の長大吊橋の現地を見学したときの雰囲気が重なってくる。

結婚記念写真の撮影風景

◆海峡の夕日と連珠の輝き

夢が叶った。橋は実現した。橋の威容は海峡にマッチし、周辺環境にもなじみ、名実ともに世界一の長大吊橋である。夜のライトアップや四季折々の光景も絵になっている。

日没と橋の光景

愛称・パールブリッジの夜景

Ⅳ

すずめ百まで橋を忘れず橋を巡る
－橋への想いはなおつのる－

■海外へ橋を求める旅を思い立つ

明石海峡大橋は完成したが、それまでの苦労の大きな塊は吊橋の構造各所にぶら下がっている。「夢のかけ橋」といわれた時代には、海外の長大吊橋の研究をして参考にした思い出が多い。

橋は完成後の良好な経年管理によって長寿橋となる。しかし、自然災害によって破壊されることがある。そのひとつに地震がある。

海外に現存する橋も苛酷な自然条件に耐えており、経年劣化に対しても良好な管理がなされ、参考にすべき点が多くある。

明石海峡大橋は長い年月を経て完成した。ふり返ると夢のかけ橋時代に、海外の長大吊橋にかかわった期間が非常に長かった。その間追いつけ追い越せの心境もあり、そのせいか脳裏には明石海峡大橋の完成後も海外の橋が強くやきついている。

世界一の明石海峡大橋の完成をみて満足感にひたるが、その裏側には海外の長大吊橋で参考にしたところや魅力的な点が貼りついて離れず、すっかり橋おとこになってしまっている。

明石架橋にかかわる中で努力して十分な成果を得ても、海外の橋との比較が心底にあり、なにか抜けているところはないかとの思いが頭をかすめる。

技術者としてたえず努力、挑戦する心境からまだ抜けきっていない。技術者の視線から離れれば新しい視野が広がるのではないかとの気がする。

今までの橋のスペシャリストから、幅広いゼネラリストに変身したい。

海外の長大吊橋の強烈な影響をうけているので、海外へ出かけ、思い入れの深い橋に接したいとの思いがしきりにする。このことを考えていると、どうしても一定の期間滞在する必要がある。短期間でも滞在できる方法を考え、見聞を広げる方法として、熟年語学留学を考えた。

夢のかけ橋時代では、外国語として英語とドイツ語に多く接する機会があり、この 2 つの言葉を対象にして留学先を練った。

若いときに木橋の設計をしたことがある。その頃はあまり時間に追われることもなく、仕事も技術的に難しくないので、架橋現場をゆっくり訪れ、地域の人々の生活や橋とのかかわりあいもよく知ることができた。工事に入っても手づくり的な入念な作業で、小さな橋が地域の重要な施設になっていくことを、楽しみに見守ったことがある。

そのときは地元の人とも出会うことができ、橋の完成を待ち望んでいることが身近に感じられた。完成したときは、近隣総出の祝いごとで、地域の絆の強いことが伝わってくる。

長年の念願をかなえるため、かつては橋の建設費を周辺の人たちが出しあったり、使役にかり出されたりして、その背景には思いもつかない物語がひそんでいることがある。

昔は架橋困難な場所では人柱が立てられたこともあったと語り伝えられている。古くは屋根つきの橋があったり、山峡に石造のアーチ橋や簡易吊橋がかけられたりして、橋は地域にとけこんだ重要施設となっている。

夢のかけ橋時代には淡路島や四国に出かけて、地域の人たちに会い明石架橋の効果について話しあったこともある。その時、地域の生活では小さな木橋でも重要なことを聞いた。徳島県の山間にある祖谷のかずら橋を訪れた時に、村の助役（副村長）さんから、かずら橋の架け替えに必要な自生の材料の調達、確保や作業は村の人たちがかかわる大きな行事であり、昔の人々の絆や暮し方について聞いた。人々は長く住みつづけてその橋を守っている。そこには村の歴史と物語があり、語りつがれている。

高知県の四万十川に架かる沈下橋（潜水橋）にも先人の知恵がある。洪水の度に木橋は流され、復元してもまたの流失が予想され、人々は複雑な思いで作業している。その中で考案されたコンクリートの沈下橋は、川床に頑強に根付き橋上

沈下橋

には欄干をつけない簡素なものである。平時の通行に多少の不安があるが、地域の人たちの生活の支えとなり利用されている。現在、かずら橋や沈下橋は地域の観光資源にもなっており、そこに住む人々の営みを支えている。

明石架橋の仕事では大きな橋にばかり目が向いていたが、海外の小さな橋にもいろいろな物語があるかもしれない。これを見つけだすには、現地で十分な時間をかけられる拠点が必要である。

拠点づくりには語学留学であるとの思いをしきりにしている頃に偶然、語学留学に挑戦してきた熟年夫婦の新聞記事を読み、大いに触発された。

イギリス・ロンドンのタワーブリッジ

テムズ川上のタワーブリッジを眺めていると、橋に見えたり、モニュメントに見えたりする。また何かドラマが生まれてきそうな気もしてくる。

■橋は熟年語学留学をすすめる

長大吊橋はアメリカに多く建設され独壇場の感があったが、やがて舞台はイギリスに移り、斬新な構造をしたイギリスタイプの吊橋が生まれた。このような流れの変化は長く発行を続けている『調査月報』から知ることができた。

イギリスではフォース道路橋、セバーン橋に続き、当時世界最大のハンバー橋（センタースパン 1,410m）の記事が注目をあびた。

1976（昭和 51）年にヨーロッパ（主としてイギリス、フランス、ドイツ）の長大橋と土木構造物の技術調査の「欧州長大橋調査団」に参加させてもらった。調査の主目的は明石海峡大橋の建設に関連した技術調査である。この調査の中で、当時建設工事が行われていたハンバー橋の建設現場視察が大きなポイントであった。

イギリスは産業革命の国である。新しい吊橋型式を生みだしたりしているが、100 年以上の歴史のあるフォース鉄道橋（ゲルバートラス橋）と新設のフォース道路橋（長大吊橋）が並列して建設されている姿を見ると、この国の技術の進歩、発展が強く印象づけられる。

イギリス経済の低迷の中で進められていた北海油田開発に、必要な採油海上作業足場の開発研究者に会うことができ、実験研究施設も視察した。そしてこの成果をもとにした工事現場も視察することができた。この海上作業足場の構造、工法は、後に明石海峡大橋の設置ケーソン工法の検討に役立ったものがあった。

アメリカの長大吊橋については、1990（平成 2）年に土木学会主催でアメリカの土木構造物の技術調査団に参加する機会を得て、近代的吊橋の原点となったニューヨークのブルックリン橋やサンフランシスコ湾のゴールデンゲート橋をはじめ長大吊橋群を身近に視察した。

橋の仕事に長年かかわってきたが、神戸市内の阪神高速道路の高架構造物をはじめ神戸大橋（わが国最初のダブルデッキアーチ橋で、建設当時わが国最大のアーチ橋）等の建設を通じ、ドイツの橋梁技術に関心を持ったときがあった。これらは文献によって熟知しているが、その具体的なものについてはミュンヘンのドイツミュージアムにあるのではないかとの思いがしてきて、そこを訪れてみたい願望がつのる。

ドイツは第二次世界大戦で、ライン川に架かる橋を多く失い、その復旧に斬新な橋梁タイプ（箱桁構造等）を生みだしている。わが国の高度成長期の橋梁建設に、創意工夫されたドイツの橋の技術が多く参考にされた。

ヨーロッパでは、古い橋も多く現存し、橋梁史をかざっており、文化財的な木橋も今なお健在である。古い歴史のある街での木橋の存在が、絵のように浮かんでくる。

北欧デンマークやスエーデンからは長大吊橋建設の新しい情報が入ってくる。これも見たい思いがしきりとしてくる。かつての調査団参加による実橋視察においては、所期の目的は達せられたが、現地時間での制約、行動の自由度が少ないことなどから、物足りなさを感じることがあった。

念願の熟年語学留学に橋を求めての旅を加えた構想が加速されてくる。そこで、夫婦二人でホームステイをしながら、英語圏のイギリス、カナダ、オーストラリアの 3 カ国、ドイツ語圏のドイツ、スイス、オーストリアの 3 カ国の熟年語学留学構想が固まっていく。

明石海峡大橋が「夢のかけ橋」といわれた頃には外国語に不慣れで、橋の技術文献の難解な文章に振りまわされ、逃げたり悩んだりした。

熟年語学留学を思い立っても、語学力に自信がなく夜間の英会話教室に通う。教室には若者に混じって自分と同じような高齢者がいる。

会社の仕事で英語に困っているようにみえる人や、時には現役の学校の先生もいた。ひそかに身分を隠しての勉強で、親しくなるにつれ、教室に通う動機を語ってくれた。

ドイツ語を学ぶ若者の中には元気な者もいる。高校 3 年の女子生徒で日本の大学に入らずにドイツ語をマスターし、ドイツ語圏でピアノの先生に師事すれば演奏家の道が早くひらけるという。

日本では音大を出ても学校の音楽の先生で満足する人が多い。それ以上になるには、お金も時間もかかると言っていた。

そのうちにドイツに良い音楽の先生が見つかり、ドイツ語もまだ十分でないのに行くことを打ち明けてくれた。早く日本を飛びだしたい一念である。若さの特権のような気がした。

また、ドイツからの帰国少年と 2 人きりの教室になったことがある。小学生で遊びたいさかりであるが、親の職業のため、再びドイツに行くことになるかもしれないので、土曜日の午後に親が教室に送り迎えしている。この時は先生と 3 人での勉強である。その子供が休めば先生と 2 人になるので、休まないように楽しい雰囲気づくりをしたこともある。

子供のほうが上達が早いので、これから先の留学が心もとなくなる思いがする。このような出発前の苦労もあるが、あとで思い出すと楽しいこともたくさんあったことに気づく。

思い出を落穂拾いのように集めると、入れもののカゴがすぐにいっぱいになる。

■そして橋を巡る熟年語学留学6カ国の旅に出る

英語のシャワーをあびて橋を巡る

海外の長大吊橋を技術的に見ることを通して、現地の人々の生活や行動にまで関心が広がっていく。

橋は街の発展、人々の利便のため架けられ、必要に応じて創意工夫がなされ、いろんなタイプのものが考案されていく。

かつて短期の海外旅行で表面的にしか見なかった街の様子や、人と橋とのかかわりあいも、技術者の視点から抜けだしてよく見てみたい。

◆ロンドンのステイ宅のメンバー

学校とホームステイ宅の契約条件は家の広さ、設備等を満たし、学習効果が上がるように、ファミリーのホスピタリティーも条件になっている。この家庭ではイギリスの伝統と誇りを感じた。

学生用寝室4室、バスルーム2カ所、広い食堂

◆ロンドン・コベントガーデンにある英語学校（セルズカレッジ）

系統的な学校生活になじめるかどうか、体力と気力が気になる。向学心が途切れないよう学校内を必要以上に動きまわる。熟年者の存在感をまわりに示したい。

学校入口

校長とスナップ

◆少人数制の授業

初めての授業で英語のシャワーを浴び、まわりの若者の活力に振りまわされる。そのうち、なんとかついていけそうな雰囲気になる。新しい出会いも楽しくなってくる。

クラスは日本から送ったテストの結果と面接で決まる

◆橋の旅の帰途・湖水地方の雰囲気を満喫

橋の旅の帰りはローカル列車に乗り湖水地方に寄る。のんびり走る列車の窓から外の景色を楽しむ。B&B に泊り、カントリーサイドの素晴らしさを満喫する。郷に入れば郷に従えの気分。

古い村の家並みと小径

低い山々の眺めと湖畔のにぎわい

◆キャンプ場内のボランティア架橋作業

オーストラリアのゆったりとした自然の中で、自分を表現したいことがでてくる。宿舎の近くの小川に橋をかけることを管理人に提案する。かつての職業意識が自然の中で目覚めて、留学の仲間と作業をする。

作業開始

悪戦苦闘の連続なれど…

朝始めた木橋架設作業が夕方にはこのとおり！

完成のよろこび

◆英語圏 3 カ国での回想

留学も回を重ねると、住めば都の感じがしてくる。英語圏では、ロンドンの老婦人の自立した生活、イタリアから移民でカナダへきて金曜日には断食をしていたカソリック教徒のおばさん、トロントでは国際結婚をしている中年夫婦の家庭等を通じて、熟年生活を充実させるヒントを得た。

ドイツ語の渦のなかへ

ドイツ語は難解で避けていた。しかし、橋の設計や工事について、斬新な文献報告があり、参考になる多くの宝物がある。

定年後、橋の仕事をふり返ると、ドイツ語を避けたため多くの忘れ物をしたような気分になる。ドイツ語に挑戦すれば、まだ先がひらけるような気がしきりにする。日本で学んだドイツ語教室でも奥が深い思いがし、熟年ドイツ語留学を急ぐ。

◆ホストファミリーと一緒に

ステイ宅は老夫婦 2 人暮らしで、部屋借りの形式になり、食事はすべて外食である。昔の学生下宿を思い出す。夏には保養客に部屋を貸しており、老夫婦の年金生活パターンが参考になる。

ここでは食事はすべて外食、朝食は学校でとる

◆ドイツ語学校（ゲーテ インスティチュート）

学校はゲーテ インスティチュートで、日本に分校もある。ここでの生活は朝から学校を中心に動く。外食は学校名にちなんだゲーテメニューがある町の食堂でとる。

学校は家から歩いて 10 分ばかり、昼食と夕食は中華かゲーテメニューの食堂で。たまにはデリカテッセンで持ち帰りの食品を買う

◆静かな郊外にあるステイ先（スイス・チューリッヒ）

ステイ宅は、まわりに森や野原があり、バスと列車で通学する。主人は IT 関係の仕事し、定年後も働いている。奥さんは私たちの通う学校の先生で、大学の聴講生でもある。

ステイ先とベジタリアンのホストファミリー（自分とほぼ同年代）

◆通学途上の生活点描

スイスの田舎には、ふとした所に人をひきつける情景がある。花畑の無人市のように、自然にとけ込んだ演出が随所にある。人を楽しませ、自らも満足を感じているように思える。

路傍の消火栓

雨天の通学小学生

◆スイスの田園生活

日常生活の一場面であり演出ではない。農家の軒先に立ち寄って、季節の野菜や暮らしのことを聞く。

通りすがりに見つけた花畑と
無人の花売り場

野菜を売る農家の軒先

◆村のレストラン兼バーで農家の人たちの夜の団欒に合流

夕方には馬に乗った人や、散歩する 2 人連れの姿をよく見かける。

馬に乗って散歩する人

村の小さなレストランで農家の人たちと同席し、酒を酌み交わす。昼間はきつい労働があるが、夜ともなれば、ひと時のいこいを求めて仲間と賑やかに時を過ごすようだ。

ここでは村の行事や家の相続のこと、家畜の世話で遠出の旅行ができないことを聞く。美しい風光の陰に生活の苦労、努力がある。

小さなレストランで村の人と交流

◆室内整理が済みアパート生活が軌道にのる
（オーストリア・ウィーン）

生活は完全自炊で、行動すべてが自己責任である。異国生活の味が色濃くなってくる。部屋はこれまでと同様それぞれ個室である。アパート住まいが外国生活の自信と自主性を高める。

キッチン

それぞれの部屋

◆学校とクラスメート

今回でドイツ語の勉強は最後になる。仕上げの緊張感より、あとの遊学の方に気が向く。旅の情報は仲間や学校からもらえ、旅費も安上がりで充実した行動計画ができあがる。個性的な若者に多く出会えた。

夏の分校で妻は授業をうける（左）、クラスメート（右）

◆ドイツ語圏３カ国での回想

ドイツ語圏では、ドイツの老夫婦の余生を楽しむ暮し。スイスでは定年を迎えたベジタリアンの夫婦の家庭。最後のウイーンではアパート暮らしでお世話になった管理人のおばさん。この人たちからは非常に多くの生き方のヒントを得た。

■余暇をみつけて橋を巡る

夢のかけ橋時代に明石架橋促進資料として毎月発行していた『調査月報』では、多くの海外長大橋に接した。また、海外に出かけて身近に接した橋もある。視点をかえて海外の橋を見たいという思いもある。

これにはじっくり取り組む拠点になる場所がほしい。さらに現場での情報と行動の自由度も十分に確保したい。

このようなことから、熟年語学留学を計画した。留学は 1 回約 1 カ月とし、滞在はホームステイにした。

学校の授業は午前中で終わるので、午後と土・日曜日の余暇を利用して橋を巡ることにした。お目当ての橋については、日本で情報を集めたが十分ではないので、詳しい情報は現地の学校とホームステイ宅で補完した。

写真はフィルム使用のカメラであり、帰国後でないと出来具合を確認できないこともあるので、失敗をおそれ、多写することが多かった。

『調査月報』の中にある橋々と新たな橋の出会い

◆かつての海外出張でも橋は見落とさない（調査報告書）

現役中の橋の調査は仕事であり、視点は技術中心である。建設経緯や完成後の経年管理状況なども知りたい。また視野を広げ、風景の一部として絵画的に橋を観賞したい気持ちもある。

左：「欧州長大橋の建設技術および海洋構造物の実情調査」報告書、欧州長大橋研究会
右：「第 19 回 土木技術者のための海外調査団報告書（アメリカ合衆国）」（土木学会）

◆美的演出をしている橋々

　橋全体の構造形式とともに細部も美的相乗効果を発揮している。建物の外壁の装飾と同じように、橋体は人目をひく。路面舗装、照明灯なども魅力的な演出が見られる。

◆橋脚も美的演出をしている橋

　橋の思わぬところに心憎いほどの美的演出をしている。手のこんだ構造部分にさらに豪華な装飾がほどこされている。橋脚部にも気くばりがあり、川面に映える姿はまさに芸術作品である。

◆魅力的なレトロな橋

　古い石橋や木橋からは生活の歴史が伝わってくる。地域の人々が日常的に利用し、使いこんだ雰囲気がある。これからも大切に使い続けていきたい郷土のシンボル的存在になっている。

余暇をみつけて橋を巡る

◆新旧共存するイギリスのフォース道路橋と鉄道橋

長大吊橋の舞台には、新旧の技術革新の歴史がある。イギリスは産業革命の国であり、イギリスタイプの長大吊橋形式を生みだした。旅の中でその進歩、変遷を探したい。

右：フォース鉄道橋（ゲルバートラス橋）
左：フォース道路橋（長大吊橋）

◆工事中も訪れたハンバー橋（イギリス）

ハンバー橋はすでに工事中に訪れている。完成した姿を見るため、不慣れな旅行計画を立てた。個人旅行で効率が悪く不安なことが多くあったが、なんとか出会えた。

工事中のハンバー橋

ハル市側岸辺主塔下より

ハル市側岸辺より対岸を望む

◆ハンバー橋の橋上

急な階段を登って橋面の歩道に出ても人影はなく、長大吊橋の感じを味わう。車道の自動車が高速で走るので歩道では強い風圧を感じる。隙間をねらって、橋の細部を見る。

橋上の車道と歩道

箱型補剛桁の歩道部

◆ハンバー橋の構造各部

この橋はセバーン橋からさらに技術革新を積み重ねて建設されているので、細部に視線がいく。帰国後、細部の写真がなかった場合のことを考え、必要以上にシャッターを押す。

◆カナダの橋

イギリスでの語学留学では、念願の橋を多く見ることができた。もう一度留学を実行したくなり、イギリスタイプのケベック橋を見るのも選択肢のひとつと考えて、カナダ行きを決めた。

ケベック橋（ゲルバートラス橋）

◆オーストラリアの橋

オーストラリアのシドニーにはハーバー橋がある。アーチ橋タイプで神戸大橋と構造力学的には同種である。港内に架橋されており、神戸大橋と比較したい気持になる。

英語の留学と遊学の旅はシドニーハーバー橋で仕上げる。オペラハウスと橋の光景はセットになって、訪れる人々の目を引きつけている。

魅力的なシドニーハーパー橋。オペラハウスも街も魅力的

橋とトンネルが共存している

アーチ橋上弦の渡橋イベントがある

◆ミュンヘンのドイツミュージアム

ドイツミュージアムはドイツの工業技術の殿堂で、大規模な内容の展示品と教育活動をしている。ジャンルも多岐にわたり、1 日ではまわりきれない。説明も丁寧である。

土木工学関係の模型展示・解説も大きなスペースをとっており、自動車や機械類の展示も多くある。見てまわるうちに学生時代の記憶がよみがえる。橋に関する本も発行し販売している。

ドイツの技術分野の歴史をよく伝える博物館

古いトンネル掘削工法の実物大展示（舞子トンネルの工法と重ねる）

◆ハンガリーの首都ブダ側とペスト側を結ぶ橋梁群

橋の写真を撮るときは、全体形から細部へと動きまわる。撮影ポイントを探しまわり、橋の周辺を徘徊する。

◆技術の歴史と継承のいとなみ

橋は道路や鉄道の一部をになう構造物である。道路も長く延びてきた歴史の中で、重要部分を今に残し技術の継承をしている。橋の旅でこのような光景に出会う。“すべての道はローマに通ず”時代にも橋がある。(イタリア)

保存・保護されている石畳

橋を渡る軍馬の足音が聞こえてきそうな雰囲気がある（ローマ郊外）

◆予期せぬ多くの橋と出会う

歴史のある街の郊外では思いがけない橋との出会いがある。人の暮らしの中に生きつづける橋を見ると、先人の郷土愛と、それを引き継いで大切にしている人の営みを感じる。

ルツェルンの木橋

◆ルツェルンの屋根つき木橋の内部

ルツェルンの橋の外観はよく見るが、内部構造は初めてである。木組構造や古い装飾に目をうばわれ歩行者の邪魔をする。写真撮影にも時間がかかり、迷惑をかけた。

ルツェルンの木橋の内部。木組みに技術の歴史の重みを感じる

◆バーデンにある屋根つきのホルツ橋

バーデンの屋根つきの木橋には、近くに並行してコンクリートの新橋がある。住民がこの橋を生活に利用しながら保存に留意し、大切にしていることが外観からもよくわかる。

◆今も使われている木橋に昔のロマンを感じる

ホルツ橋内部の木組構造に建設時の橋の構造技術と職人の技に感心する。地域の人々が文化財保存のため管理、清掃などで、大切にしていることが伝わってくる。

内部の木組みと歴史を語る説明板

北欧の長大吊橋と斜張橋の技術情報はぜひ持ち帰りたい

◆グレートベルトイースト橋（デンマーク）は完成が早ければ世界一になれた長大吊橋である

現地情報が十分でない状態で訪れた架橋現地である。ここでの目的は完成したグレートベルトイースト橋の写真撮影である。天候が悪いのでねばるしか手がない。

◆グレートベルトイースト橋全景

待つこと 3 日目にやっと晴れた朝、親切なタクシー運転手に案内してもらい、ベストポイントから撮った橋の全体写真。誤写を気にして、フィルムを数本使う。

当時世界第 2 位の長大吊橋

◆オーレスン橋（スウェーデン）見学の旅

スイスに熟年語学留学中に、建設中のオーレスン橋（斜張橋）の情報を得て現場に行ったが、詳細はつかめない。完成した橋の姿をぜひ見たい気持がますます強くなる。

フェリーからのオーレスン橋架橋工事現場遠望

◆工事中の現場見学者用の説明施設が完成後も残っている（再訪）

地元の関心の高いことが現場周辺の配慮からわかる。完成橋の説明板と部材模型で架橋工事の大変さと、立派な橋になることがわかる。地元の人たちの姿もちらほら見かける。

完成橋の説明板と部材模型など

かつての現場周辺

◆橋の近くにあるマルメの街

二度目の訪れとなった街では時間があり、多くのものとの再会があった。少し遠出にも慣れてきて、北欧の見聞が増えてきた。この地の冬の暮らしにも興味がわいてくる。

マルメ近くのルンドの古い家

散策中に見つけた
不戦の誓いのモニュメント

◆オーレスン橋の全景

完成橋を見て、工事中に現場の様子をフェリーの船上から、地元客とともに眺めたことを懐かしく思い出す。展示館にも寄り資料を入手する。

工事中と完成後の２回訪れている

■橋を巡る旅を終えて、阪神・淡路大震災の構造物被害を考える

この熟年語学留学は、『調査月報』発行の仕事を通じて、海外への想いが高まっていなかったら実行していない。

この旅の構成は、①語学留学、②ホームステイ（最後はアパート住まい）、③橋の旅、そして④遊学、になっている。いずれも橋がかかわった旅になった。

留学で得た成果は、外国人がよく来る橋の科学館で大いに役立つことに気づく。かつて夢のかけ橋時代に接した外国技術、文化をはじめ多くの知識、知恵と、今回の熟年語学留学の成果等を重ねて、橋の科学館でボランティア解説員を務めることができた。

橋の科学館では明石海峡大橋についての説明を主体にしているが、時には留学で得た見聞や阪神・淡路大震災の構造物の破壊の話もする。

さらに、この地震による神戸市内の都市機能のマヒや人災について遠くからの来館者に語ると、大変興味をもたれることがあった。

市民の防災、減災意識について付言すると、橋の話から遠ざかってしまうことがある。

地震は1995（平成7）年1月17日の早朝5時46分に発生した。6,434人の命をうばい4万人以上の負傷者を出し、多くの施設の被害をもたらした。震源は明石海峡大橋に近い淡路島北部で、地震の規模はマグニチュード7.3であった。

震源に近い明石海峡大橋は工事中であり、構造的に不安定な状態で地震にみまわれた。現場は補剛桁の架設工事の準備段階で、メインケーブルの円型断面整形のスクイジングマシ

ンが被害をうけた程度であった。しかし、不安定な構造状態であり、中央スパンが 80cm、淡路島側の側スパンが 30cm 伸びる被害があった。

約 1 カ月の被害調査後、橋の全体系に影響を与える大きな被害はなく、工事は再開され進捗していった。

中央スパンが設計値より 80cm 伸びて、当初の設計値 1,990m が公称 1,991m になった。この 1m の数値が地震をうけたことを後世に伝える被災の傷あとの証拠になる。

海外の地震の少ない国の構造物は美観的に軽快で人目を引くが、経年劣化で耐久性について問題がある。

阪神・淡路大震災では古い建造物が多く倒壊した。経年劣化と地震・風等による自然災害との関連が、長期耐用上、今後の研究課題になってきている。

想定外の地震被害を多く見うけ、多くの教訓を得る

◆神戸大橋の基部も地震被害をうける

関西地方では大地震の発生は少なく、設計震度も大きな値を採用していない。阪神高速道路の高架構造物は大きな被害をうけ、神戸大橋でも設計上の反省点が見つかる。

支承部

◆神戸港のコンテナヤードの被害

神戸港の平坦で広い場所では、地盤の不等沈下が発生していた。高速道路のような連続した構造物の基礎の地質、地層に関する設計時の留意点の示唆を得る。

神戸港コンテナヤードの地盤の不等沈下

◆市街地の道路舗装の被害

神戸市内の幹線道路下には上水道や下水道管等の多くの公共地下埋設物があり、さらに地下鉄、地下街等の大型地下構造物がある。地震被害は地上と地下双方に発生している。

被害は地上と地下双方に発生

◆臨港地区の地盤沈下被害

地震動による地盤の液状化現象は、埋立地で多く発生した。この地震により、今後液状化現象の研究が進むものと思われ、貴重な体験である。

クイックサンド・液状化被害
左：埋立地の液状化による被害
右：港湾道路の液状化による被害

◆阪神高速道路の桁構造物の被害

橋体の折損破壊態様は、この地震により多く体験された。緊急対策により、このような現場が早急に修復されると、研究・検討材料が消えてしまう。これは貴重な現場写真である。

橋桁落下折損

◆橋桁の落下

地震のゆれにより、橋桁が橋脚からはずれて落下した。桁は再利用の可能性はあるが、周辺の状況から、復旧工事用の仮設備の設置作業は非常に困難である。落下桁の撤去、搬出も大変である。

落下した橋桁

◆橋脚支承部の被害

直線橋桁の橋脚上の支承部が小破損の場合、部分補強で再生することが可能。直線部と曲線部の橋桁の破損態様の差が見られる。付属排水パイプの破損状況から地震のゆれがわかる。

橋脚支承部

◆神戸市新交通の高架構造物の被害（橋桁落下）

構造物の被害状況から設計上の反省点が多く見つかる。橋桁とそれを受ける橋脚の複合構造物としての設計思想に不合理な点が散見される。橋桁と橋脚の一体性が重要である。

◆コンクリート橋脚の被害

単柱橋脚の耐震設計において、被害個所の様相から今後の耐震設計上の留意点がわかった。コンクリート柱の補強は下側の道路に建築限界の制約があり、難しい問題がある。

高橋脚の被害

単柱橋脚の被害

◆鋼製橋脚の被害

鋼製橋脚の下部の中空内部には、自動車衝突時の変形防止用の中詰コンクリートが充填されている。中詰による耐震効果のあることが塗装の剥離状況でよくわかる。

橋脚基部の損傷被害

高い鋼製橋脚の被害（横振れ被害状況が明確）

◆市街地建物の被害①

ビルの破壊状況から、地震の横ゆれによる建物の高さ方向のゆれ方（位相差）と増幅振動による破壊の状況がわかる。圧壊部の階層の部屋に、もし人がいたらという恐怖感をいだく。

ビルの圧壊状況

神戸市役所・2号館の被害

◆市街地建物の被害②

古い木造家屋の被害は、耐震性不足に起因しており、再利用不能の崩壊である。木造建築の補強等の耐震検討とともに火災の発生についても心配され、これも重要課題である。

木造民家の被害

灘酒造会社の酒蔵の被害

◆橋桁落下防止工対策

橋桁をうける橋脚上部は、単純に橋桁を乗せた支承構造になっているため、橋桁の落下被害が多かった。このため橋桁と橋脚上部の支承部分の連結構造が種々考案された。

アメリカにも神戸と同じ地震被害

◆アメリカ・サンフランシスコの構造物地震被害

阪神・淡路大震災（M7.3）の6年前、1989年10月17日にアメリカ・サンフランシスコの沿岸地域にロマ・プリータ地震（M7.1）があった。サンフランシスコ地域の構造物の地震被害状況を見ると、被害状況のパターンがあまりにも神戸と類似していることに気づいた。

◆ゴールデンゲート橋の取付構造部に地震被害がでている

ゴールデンゲート橋基部の構造部分の被害箇所は応急補強されていた。経年劣化部分も目についた。ここで経年管理が悪ければ不測の被害をうけていたことを感じた。

コンクリートの経年劣化

◆被害をうけた取付部の補強

構造物の設計時点では、外力の作用方向、部材の耐力等、考えられることは十分に反映されている。自然の外力は、想定外の力を構造物にあたえることが補強状況からわかる。

地震発生から１年後の補強状況

◆二層式高架道路部のコンクリート橋脚の被害

神戸大橋の取付道路部の二層式コンクリートの高架橋脚、阪神高速道路の高架橋脚等に、ゴールデンゲート橋の接続高架構造物とまったく同じ被害破損パターンが見られる。

ゴールデンゲート橋取付部二層式コンクリート橋脚の被害部とその拡大の写真

◆二層式高架構造部の上部桁落下防護サンドル工事

二層式高架橋の上部桁の落下防止の防護応急処置。本格的復旧には時間と費用がかかる。なんとか早く補強、補修で対応したい思いがうかがえる光景である。

◆建物の被害①

土地の有効利用上 1 階部をガレージにしている建物が多い。臨港地区で地盤がよくないため、1 階部の建物被害が多いことが特徴である。付近には液状化現象も見られる。

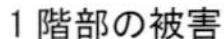
1 階部の被害

◆建物の被害②

軟弱地盤の臨港地区の建物では、地盤沈下の差による段差の被害態様が多く見うけられる。神戸港の埋立地では、このような問題をよく研究して事前対策をしている。

地盤沈下・段差の被害

◆建物の被害③

1 階部の補強作業では、耐震補強材の設置と床部の地盤改良も考慮している。1 階部分が車庫など空間の大きい構造になっており、免震効果を発揮して 2 階以上が助かっている。

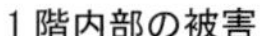
1 階内部の被害

◆コンクリート橋脚の被害補強工事①

ゴールデンゲート橋の取付道路部の高架構造物のコンクリートラーメン橋脚の被災補強工事は、下側道路の関係で大がかりなことができない。苦労のあとがわかる。

◆コンクリート橋脚の被害補強工事②

立体構造のコンクリート柱は脚部のクラック損傷が多く、部分補強対策で済ませている。その後、本格的復旧対策が検討、実施されるが、現場作業条件が厳しい。

◆コンクリート橋脚の被害補強工事③

複雑なコンクリート柱の損傷は、全体を鋼板カバー方式で補強修理している。補強する鋼板を外側に溶接しているのも強度計算をしたうえでの対応である。

◆コンクリート橋脚の被害補強工事④

大きなクラック損傷のないコンクリート柱は、強度不足部に添え鋼材をして緊急補強対策をしている。これには設計時の想定を超えた地震外力が加わっていると思われる。

◆コンクリート橋脚の被害補強工事⑤

復旧工事後、なんとか立入りのできる場所からの視察から、鉄道による厳しい制約作業条件のあることがわかる。補強資材の搬入や工事に苦労した場所が散見される。

鉄道交差部

◆道路の被害

臨港地区の軟弱地盤の地震被害が、路面復旧状況からよくわかる。横方向の地盤変形や上下のずれもあり、上下水道管等の地下埋設物の損傷もあったと考えられる。

◆海岸埋立部の液状化現象をうけたあとの修復状況

岸壁構造物の被害も出ているが、遠望するところでは地震被害がなかったような港湾の光景である。高速道路の被災で陸上交通に支障が出ても、港の機能によって救われる。

想定外の地震被害で新しい研究施設のスタート

◆構造物防災の耐震研究の加速

構造物の耐震研究には大型実験施設が必要で、防災についての総合的なシステムの研究が進められるようになってきた。地震と共に新たに津波防災が加わっていく。

三木総合防災公園にある兵庫県立広域防災センター

国立研究開発法人　防災科学技術研究所兵庫耐震工学研究センター
（E-ディフェンス）

V

橋の夢とロマンはまだつづく
－世界一の橋から世界遺産登録への願望－

■未来を生きる人たちに託す新たなロマン

明石海峡大橋に多くの人がかかわり、長い間の試行錯誤の努力と苦労の末に完成した経緯をよく伝え、さらに成果の活用を期待したい。

橋のイベントを通じて人々の関心を継続させ、時には講演会、語り部活動を行い、先人の苦労や橋の利便性を説き、長く愛され利用されることを期待している。橋の建設計画の時に一部の地元住民が公害を心配して反対運動をおこしたりしたが、今はそれもどこかへ消えてしまった感がある。

技術成果は橋の科学館から発信されて、海外からの来館者も多くなっている。熟年語学留学を通じてこのような資料館をいくつか見てきた。橋の科学館は JR と山陽電車の駅に近く、さらに淡路島、四国連絡の高速バスの乗降基点になっており、これほど交通の便のよいところはなかった。

すぐ近くにある舞子海上プロムナードから橋の構造と周辺を眺めて、巨大橋を身近に体感し、感動する人も多くいる。

また、時どき応募によって補剛桁下の作業用通路を利用した徒歩による渡橋体験のイベントもある。これらによってわが国架橋技術レベルの高さが認識され、見る人に「なせば成る」の勇気を与えている。

この巨大な構造物がどのような経過を経て造られたかをよく伝える仕組みがないと、エジプトのピラミッドのように謎につつまれた建造物になってしまう。

夢のかけ橋時代をふり返ると、ロマンに満ちた物語がある。架橋調査、検討時代には表には出ない多くの隠れた苦難の日々があった。建設中にはダイナミックな場面もあった。これからは経年管理の橋守の人たちの活躍もでてきて、物語はまだつづいていく。

この橋には大量の鋼材が使われており、海塩粒子と塗装との戦いがある。鉄は放置すればかならず錆びる。鋼構造物は錆びれば劣化して破損してしまうが、良好な管理がされていれば長寿を保つ。鉄を使ったパリのエッフェル塔、イギリスのフォース鉄道橋（1890 年）はすでに 100 年以上の長寿を保ち健在である。ここにも歴史と数々の物語がある。

日本でも JR 山陰線の餘部鉄橋は架け替えられたが、日本海から飛んでくる海塩粒子の苛酷な条件下で、長年地道に塗

舞子側主塔の塔頂展望イベントの巨大橋体感

舞子側の主塔上へ行くブリッジワールドの参加者が塔上への期待と登頂挑戦の気持で列をつくっている。帰ってきたときの参加者の顔は、ひと仕事を終えた満足感に満たされている。

装管理がなされていた。その間の橋守の人たちの苦労は地元で語り草になっている。

本四架橋3ルートの橋は、すべて海上にあり、海塩粒子の影響をうけている。橋の防食、防錆に対する環境はきびしい。このため重防食塗装がなされている。塗装法も従来は工場塗装と現場塗装の2本立ての作業であったが、本四架橋では現場継手部を残し、すべてが良好な作業環境の工場塗装である。

塗装による防食、防錆は塗膜の塗り重ねによって行われる。この間の塗装管理の良否によっては、塗り重ねた塗膜がはがれる層間剥離が生じる。塗装の劣化は塗装作業の良否よって起きる場合と、大気汚染や海塩粒子等の環境条件による場合がある。本四架橋の場合、環境条件がきびしいので、完成後は塗装劣化に対するきめ細かい経年管理業務が必要である。

これから長期にわたる経年管理において、維持作業でロボットの活用、塗膜の経年劣化監視での IT 技術の導入など、今までにない専門の枠をこえた他の技術分野の支援などをうけ、一段と高度な長寿橋管理システムが構築されていく。

この橋が世界遺産に登録されるには、現場で働く橋守の人たちの長年の地道な努力が必要であるが、この目標はロマンに満ちている。未来を生きる人たちにこの希望を託したい。

■まだある語り部の手持ちの資料（手からこぼれていく多くのデータ）

明石海峡大橋が「夢のかけ橋」であった頃には、海外の長大吊橋に関する技術資料をはじめ、架橋の可能性検討のために蒐集した多くの資料が神戸市にあったが、阪神・淡路大震災によってそのほとんどが失われた。

残るのは個人所蔵のものだけである。他界された人のものも処分されたりして、貴重な資料が失われている。ここでは画像の補足を試みたが、これ以上のものを入手することができず、集合写真にして解説文で補完することにした。

神戸市の明石海峡大橋に関する多くの資料は、市庁舎の 2 号館の地下室に保管されていたが、庁舎は震災で損壊して地下室に入れず、資料の持ち出しは不可能であった。さらに雨水の侵入によって絶望的になっていた。

思い出に残る多くの資料が浮かび上がってくる。なかでもイギリスの長大吊橋のフォース道路橋を日本語版にした建設記録映画が特になつかしい。

イギリス・フォース道路橋

イギリスは産業革命の国である。かつて巨大なフォース鉄道橋を建設し、それと並行する長大吊橋を後に建設した。この光景は、この国の橋の歴史を見せている。

フォース道路橋はアメリカタイプであるが、技術的な面で斬新なところを持っている。

なんとかイギリスからフォース道路橋の映画のフィルムを入手して、試写してみると、画面は理解できるが説明は英語で、理解できないところも多いが貴重な資料である。日本語版をつくり、長大吊橋の技術に理解を深めてもらいたい思いが強くなり、悪戦苦闘が始まった。

まず、ネイティブに映画を見てもらい、ナレーションを文字化してもらうことから始めた。なかには聞きとれない箇所や、ネイティブでもわからない技術専門用語があり空白部がでてくる。

英語に文字化したものを日本語に翻訳するが、専門用語や新技術の内容などで意味のわからないところがある。それを分割したフィルムの画面にうまくつなげるのに苦労してシナリオをつくる。ここでも翻訳文と話し言葉とのなじみの問題にぶつかるが、音楽を入れてなじませる。

日本語版になる目途がついて、入手先にも連絡を入れ、商業用ではなく研究用に利用することを伝えて納得してもらう。

日本語版作成は京都の映画会社に依頼する。ここでも打合せや作業途中での協議があったりして、時間がかかる。ようやくできあがると画像の鮮明度が気になるが、多くの人に見てもらいたい気がしてくる。架橋関係地元の試写先のリストをつくり、これにしたがって電気紙芝居一座が明石架橋実現のために上映の旅にでることになる。

明石架橋の賛同を得るため、原口忠次郎神戸市長は草の根的に多くの場所へでかけて講演活動を行った。当時の講演は、35 ミリのスライドフィルムを用いて行われていた。

徳島県の僻地での講演で、投影機の電灯が切れていることがわかり、代替品を持参していなかったため、それを求めるのに大変な思いをしたことがある。都会では簡単に入手できるが、片田舎では困難である。手をつくしてなんとか開演時間に間に合わせた。もし入手できていなければ、ただでさえ賛同の主旨説明が難しいなかで大変なことになり、随行者は冷や汗をかく思いであった。

また、会場への人集めも苦労の連続であった。ある会場では入場者が少なく、裏方の人集めの力不足について、原口市長に詫びを言うと、政治家は街頭で一人でも話を聞いてくれる人がいれば、自分の政治理念、信条について力をこめて演説しなければならない。入場者の少ないことはあまり気にしていない。機会があれば何度でも来たいという言葉にホッとしたことがある。

このような草の根的な架橋建設促進の会場設営や、パンフレット、チラシの配布、えんぴつ、マッチ、手ぬぐい等の集会参加記念品の手渡しで、地元の人と架橋促進担当者双方の高揚した気持が伝わったこともなつかしい。

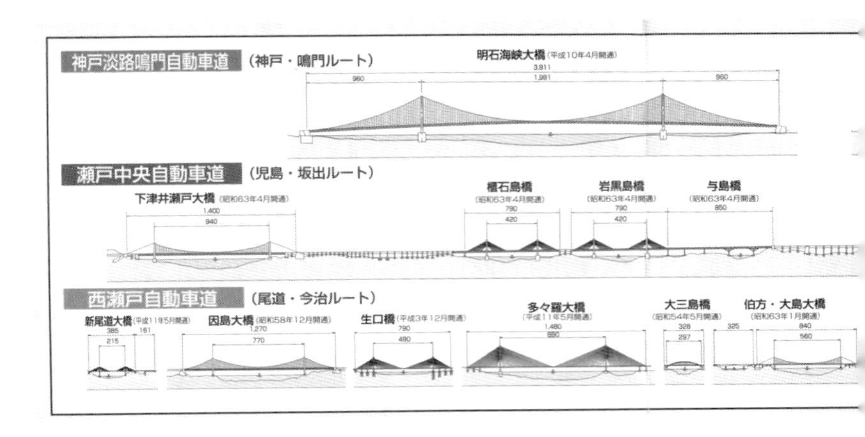

本四公団東京本社の幹部級の会合で、初代の富樫総裁から「四国を豊かにしていかなくてはならない」ということをよく聞いた。これは日本列島改造論の波に乗った本四架橋 3 ルートの建設の責任感から出た言葉である。

本四架橋 3 ルートが完成したばかりの頃は、利用交通量が少なく、通行料も高くて、四国に 3 本もの架橋はぜいたくであるといわれていた。しかし、3 ルートにはそれぞれ個性がある。

A ルートの神戸－鳴門のルートは、四国が神戸に直結する経済優先の自動車専用道路である。明石海峡大橋と大鳴門橋につながる淡路島内約 60km の長い高速縦貫道と、舞子側に陸上道路部分がある。

この道路部の建設には道路技術者が必要である。本四公団の技術職員はほとんどが橋梁技術者であり、技術者の陣容からみると、公団内部では特殊な工区になっている。したがって、A ルートではルート構成、建設技術内容、建設費等において特異性がある。

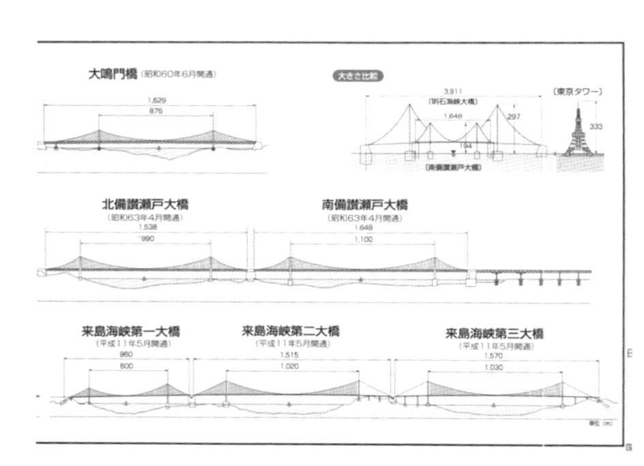

本四架橋 3 ルートの橋梁群

瀬戸内海に架橋されている本四連絡高速道路の橋梁群はいずれも個性豊かで、わが国の橋梁技術のレベルの高さを示している。3 ルートは、それぞれの架橋現地で大いに利用されている。これからも所期の目的以上に活動し、人々に愛される橋になっていくものと思われる。

Dルートの児島－坂出ルートは、ダブルデッキの道路鉄道併用橋である。かつての連絡船がレールに替わり、安心・安全な本州との連絡が確保できた。上路部の道路は、四国の中央部に位置する既設の高速道路や幹線道路につながり、重要な存在である。

西の E ルートの尾道－今治ルートは、島づたいに橋が架けられ、離島振興の要素がある。橋は自動車、自転車と人も通れる。人は無料である。島づたいに本州と四国がつながっており、瀬戸内しまなみ海道というネーミングがこのルートをよく表現している。ここには当時大ヒットしていた“瀬戸の花嫁”の歌謡曲がよく似合う島々の光景がある。この歌は本四公団の工事事務所でよく歌われていた。

夢のかけ橋時代から架橋完成までに、各ルートの個性を示す多くの語り草がある。それらは今でもなつかしい思い出の束になっている。時にはその中から数本抜きとって、熟年語学留学の時のエピソードも添えてボランティアの語り部を行っている。

■経験技術の継承と発信

神戸港は 2017(平成 29)年に開港 150 周年をむかえた。港域拡大、施設の近代化をなしとげ、神戸空港も建設された。さらに周辺の交通網の整備によって、神戸は国際港都としての機能を大いに発揮している。

神戸大橋の建設時点では、明石架橋は神戸市政のなかでは「夢のかけ橋」の段階であり、具体的に動く重要施策ではなかった。

神戸港の港域拡大、施設の近代化ではポートアイランドの建設がシンボル的であった。そこに架けられている神戸大橋は、当時わが国最大のアーチ橋で、ダブルデッキ橋としてはわが国最初の橋であった。

また、港内の海塩粒子の影響をうけることから、耐候性鋼材の使用、厚膜塗装の採用など材料面でも新しい取組みが必要であった。

ここでの新しい経験技術の蓄積は、大型架橋の建設に活用されていく。

神戸大橋の経験技術から明石架橋に継がれていくもの

大型の神戸大橋は、構造設計面、材料面や工事のやり方等で、明石架橋に応用できるものを含んでいる。また、大型部材の製作・溶接をはじめ、海上作業等で課題とされている点についても、明石架橋に必要な技術の蓄積をはかるよう心がけた。

神戸大橋のクレーン船による架設工事

明石架橋のクレーン船による端部補剛桁の架設工事

明石架橋では構造規模の大きいことや未経験の工事があり、多くの調査と試験が行われた。本四架橋での他橋からの支援技術も活用されたが、さらに既往の経験技術の活用も必要である。

そのようななかで、神戸大橋で新しく用いた技術、工事経験等が役立っていることがある。特に大型クレーン船を用いた架橋工法は、神戸大橋での経験から、さらに成熟した大ブロック架設工法になり明石架橋の現場で活用された。

明石架橋はこのような技術を総合、駆使し、世界に誇る架橋技術を確立した。

蓄積された経験技術の発信

◆技術成果の発信基地（橋の科学館）

海外からも多くの来館者を迎える橋の科学館は、本四架橋技術成果の発信を行っている。さらに技術研修を目的とした場としても利用され、知名度を高めている。

入口

受付

◆館内の展示

明石海峡大橋の耐風検討に用いられた実橋の 1/100 の全体模型が、頭上に展示されており、大型風洞実験が行われたことを示している。また壁面のパネルの説明文にも興味がわく。

大型風洞実験模型の頭上展示（1/100）

展示資料と館内見学者

◆小学生の来館

橋の科学館は教育の場でもある。特に夏休みは小中学生で賑わう。質問の数が少ないのが気がかりであるが、将来の物づくりの芽生えを感じる光景がある。

小学生の校外学習

3D シアター

橋の教室

◆海外からの来館者

海外研修生の来館に、かつて海外に長大吊橋の架橋技術を求めたことを思いだす。彼らは探究心旺盛で幅広い技術分野の質問をするので、大変な熱気を感じる。

海外研修生への説明

記念写真撮影の人気スポット

◆展望施設の舞子海上プロムナード

身近に巨大橋の体感ができる舞子海上プロムナードの施設は、多くの団体客が押し寄せるほどの人気がある。海面からの高さも体感ができて、スリル満点である。

入口

展望室

受付

ガラス床板の通路

◆2P 主塔の塔頂展望体験（ブリッジワールド）

巨大な明石海峡大橋の主塔に、機会があれば登りたいという願望は、橋を見ればでてくる。塔上からの展望を満喫。案内者は質問ぜめにあい、帰りが遅くなることが多い。

主塔上から眺めると、橋の道が舞子側から淡路島に向かってまっすぐに伸びている。かつて多くの人が求めた海峡横断の願いが実った喜びが伝わってくる。気宇壮大な眺めである。

塔頂展望の説明

塔頂から見る舞子側

塔頂から見る淡路島

◆技術成果の保管

本四架橋ではナショナルプロジェクトとして、多くの高度な技術開発がなされた。その成果は大きなスペースを設けて保存され、後世への継承が図られている。

資料棚

ビデオ、スライド棚

フィルム類

◆既往の関連資料の保管

ローカルプロジェクトであった頃の夢のかけ橋時代の古い資料も保存されている。

土木学会報告書

神戸市「調査月報」

明石海峡大橋の主要データ

●路線規格・概略諸元

路線名	一般国道 28 号
道路の区分	第一種第 2 級
車線数	6 車線
設計速度	100km/時

●自然条件・設計諸元

自然条件	海峡幅：約 4km	
	施工箇所の最大水深：約 110km	
	基礎周辺の最大潮流速：約9ノット（4.5m/s）	
	基本風速：46m/s	
設計諸元（概要）	橋梁区分：吊橋	
	形式：3 径間 2 ヒンジ補剛トラス吊橋	
	橋長：3,911m*	
	支間割：960m＋1,991m*＋960m	
	設計基準風速	補剛桁：60m/s
		塔　：67 m/s
	設計震度：明石海峡大橋耐震設計要領にて照査	
	中央径間中央での路面高さ：海面上約 96m	
	航路高：約最高高潮面上 65m	
	（注）当初計画交通量：約 60,000 台/日	

注：＊は地震変位後の数値

●主要材料数量総括表

（単位：トン）

	種別		鋼重	合計
上部工	主塔	塔柱	19,783	（23,086/基）
		斜剤	2,685	
		水平材	617	46,172
	ケーブル	主ケーブル	50,463	
		ハンガーロープ	2,734	
		ソケット	139	
		ケーブルバンド	2,364	
		塔頂サドル	617	
		スプレーサドル	1,394	57,711
	補剛桁	橋面工	2,790	
		道路床組	28,690	
		主構	20,810	
		主横トラス	15,850	
		横構	5,870	
		シュー・リンク	360	
		管理路・検査車レール等	14,870	89,240
上部工鋼重合計				193,123

		種別		1A	4A	計	合計
下部工	アンカレイジ	躯体	アンカーフレーム	3,937	3,804	7,741	
			鉄筋	3,235	4,482	7,717	
		基礎	鉄筋	6,579	2,483	9,062	
		計		13,751	10,769	24,520	24,520
	主塔基礎	種別		2P	3P	計	
		鉄筋・鉄骨		5,600	5,300	10,900	
		塔・アンカーフレーム		200	200	400	
		ケーソン		15,800	15,200	31,000	
		計		21,600	20,700	42,300	42,300
下部工鋼重合計							66,820

明石海峡大橋　鋼重合計	259,943

橋守の人たちの地道な挑戦はつづく

鉄の橋は良好な経年管理をしなければ錆びて落橋してしまう。自然災害をうけ、不測の損傷を被ることもあり、たえず維持管理が必要である。見えないところで橋守の人たちが、長寿橋への下支えをしている。

ふり返れば、長い道のりを経てできあがった橋である。良好な経年管理がなされた健在な実橋の姿と、多くの整理保存されている技術成果がリンクして、ぜひ世界遺産登録を果たしてほしい。

◆橋守の保全管理の努力

橋の建設工事中も大変危険な作業があったが、完成後の経年管理、保守業務でも同じような作業がある。天候不順の時でも橋守の人たちの努力はつづいている。

橋梁の点検

トンネルの点検

補剛桁点検

ケーブル点検

◆ハンガーロープ制振対策の改良

良好な経年管理によって、橋の安全性が守られている。損傷の復旧は原形復旧ではなく、改良の必要なときがある。設計時に考えぬいているが想定外のことがある。

制振ダンパー破損状況

ヘリカルワイヤーの設置改良

◆保守点検修理機器の開発①（鋼構造物用磁石車輪ゴンドラ）

経年管理用の機械は安全性と機能性が求められる。他分野の技術支援によって効率が高められることがある。ロボット技術の導入も視野に入ってくる。

◆保守点検修理機器の開発②
（コンクリート構造物用真空吸着車輪ゴンドラ）

高所作業用ゴンドラへの磁石車輪や真空吸着車輪の装着は他技術分野からの支援である。自走するまでには至っていないが、今後改良・改善が進むものと考えられる。

◆交通安全、施設保全の業務

明石海峡大橋の交通の流れは、日夜止まることなくつづいている。脈動的な流れはもう止めることはできない。裏方の橋守の人たちの仕事が安全を守っている。

ライトアップ

交通管理業務

経年管理の努力

橋守の人たちの地道な経年管理の努力が続けられている。世界遺産登録への夢がふくらむ。
（メインケーブル上のケーブル作業車と補剛桁下の外面作業車の活動）

◆フェリーから橋へ時は流れる

明石架橋前は明石と淡路島（岩屋）の連絡には、人を乗せる定期連絡船と、自動車を乗せるフェリーが活躍していた。橋が完成してフェリーは引退した。

タコフェリーの活躍は、
時の流れで忘れられていく

完成した明石海峡大橋を見るにつけ２人の先人が思いだされる

「夢のかけ橋」から始まった明石架橋は実現した。数多くの人たちが関わった架橋の歴史とともに、これからも多くのロマンに満ちた物語が展開していくことであろう。

左：原口忠次郎（元神戸市長）
右：富樫凱一（本四公団初代総裁）

架橋完成５年後に建設された
「夢レンズ」のモニュメント

◆半世紀前に夢みた開発構想の実現

夢のかけ橋時代に描いた、神戸港を基点にした開発・発展計画の夢を果たした光景が浮かんで見える。先取の気風をもつ人たちの発想と、たゆまない努力のたまものである。
（この壮大な展望の中から、やがて世界遺産登録を得る橋が光を放って見えてくる。）

◆さらなる夢とロマンのバトンを橋守の人たちに託す

長い工期の仕事であり、途中で別れた仲間もいる。工事現場での再会は情熱を燃やした仕事の失敗や苦労話が飛び交う。友人や知人、さらに家族に対しても橋の自慢話がつづく。

夢レンズ
明石海峡大橋の世界遺産登録への願いは、夢レンズを通して燃えあがり、拡大していく思いがする。

絵心を誘う明石海峡大橋

●主な参考・引用文献

1. 神戸市調査室『調査月報』－明石架橋資料－1964 年～1971 年
2. 島田 喜十郎『明石海峡大橋－夢は海峡を渡る－』（鹿島出版会）1998 年
3. 本州四国連絡橋公団『架橋組曲』（財団法人 海洋架橋調査会）1998 年
4. 島田 喜十郎『熟年留学－人生二毛作の創出－』（友月書房）2011 年

あとがき

明石海峡大橋は、海峡にとけ込み、四季折々の景観美と活発な交通需要によって、その存在の重要度を増している。良好な経年管理によって、ぜひ長寿橋としての地位を確立してほしい。

明石海峡大橋の建設当時の熱気と同じように、この橋が世界遺産への登録を果たしてほしい願望がわいてくる。

橋の科学館で行った明石海峡大橋特別講演時のアンケート調査によって、明石海峡大橋についてよく知られていない面のあることがわかった。また、人々のこの橋への強い愛着と関心の高いこともわかった。

時が経つにつれ、忘れられていく明石海峡大橋の歴史的な流れを鮮明にするため、神戸市会の図書室にも足を運んだ。膨大な資料の中には夢のかけ橋になる前に、市会で厳しい論戦があったこともわかった。

本書では技術を中心にした記述になったが、架橋への願望、架橋反対運動、工事の苦労、完成の喜びなど、書ききれないほど多くのドラマがあった。そして橋の科学館への来館者からも人生いろいろという感じをうける出会いがあった。

海峡に美しい姿を映している雄大な明石海峡大橋は、生みの苦しみを多く有している。橋を求める人、反対する人、そして苦労してつくる人たちをまじえ、さらに橋守の人たちも加え、橋を中心に据えた壮大な人間ドラマが創作されそうな予感がする。

それを手がける筆力は持ちあわせていないが、“人生すべからく夢なくしてはかないません”の語り部として、このような思いも伝えたい気持を持っている。

明石架橋発想のもとになった神戸港は、2017（平成 29）年に開港 150 周年をむかえた。神戸空港を加え名実ともに国際港都として神戸は大発展をとげている。

2018（平成 30）年 4 月に橋は完成 20 周年をむかえたが、これからも多くの物語を得て、世界遺産登録へと盛りあがっていくことを期待したい。

本書に掲載した画像（写真や図）は、神戸市や本州四国連絡高速道路株式会社から提供をうけたものも多用させていただいた。橋の科学館における展示パネルでは説明不足であったり、理解してもらえなかったことについては、今回工夫して作成したものもある。

これらの画像によって完成までに長い歴史を持っている明石海峡大橋のことを理解していただきたい。文中に延べ 210 万人の現場作業員が働いて、工事中の死亡事故がゼロであったことや、阪神・淡路大震災にあったことも特筆した。

時が経つにつれ、明石海峡大橋の中央スパンが 1,991m になったことも忘れられるであろう。当初は 1,990m で震災後 1m 追加された。この値は橋にとっては震災の傷あとである。工事中よく耐えた証しでもある。考えるといとおしい思いがわいてくる。末長く長寿を保ってほしい。

橋の科学館での特別講演の中で橋にかかわる熟年語学留学のことにふれたが、講演後にまわりに人の輪ができて、話のつづきを求められたり質問をうけたりした。語りつくせなかった部分については増補して掲載することにした。

この講演では、本州四国連絡高速道路株式会社および橋の科学館から多くの支援をいただいた。また、本書作成にあたっても資料の提供、アドバイス等をいただいた。神戸市関連の古い資料は個人所有のもので、新しいものは本書出版の賛同を得て提供をうけた。これらについて付記し謝意を表したい。

本書の校正段階において、2018（平成 30）年 4 月に橋の完成 20 周年をむかえることに関連しての加筆と、神戸港開港 150 周年に伴う画像の増補・調整等を行ったために、出版が約 1 年以上遅れることになった。この間、巻頭には鳥居聡神戸市副市長（巻頭言依頼時）、星野満元本州四国連絡高速道路株式会社副社長・土木学会名誉会員に発刊に寄せて、推薦のお言葉をいただき、ありがとうございました。

講演会と本書出版を通じ、JB トールシステム株式会社の佃長次社長（元本州四国連絡高速道路株式会社経営計画室長）、本州四国連絡高速道路株式会社金崎智樹取締役常務執行役員、同中尾俊哉前経営計画部長および橋の科学館上原徹元館長、JB ハイウエイサービス株式会社大道晃正神戸営業部長の各氏から多大のご支援、ご協力を得た。

そして神戸高速鉄道株式会社松浦厚前会長（神戸市より出向、完成時本四公団垂水工事事務所副所長）、本州四国連絡高速道路株式会社安全技術部安全防災課中元雄治課長代理（原稿執筆時）には、架橋調査の資料・工事の記述等に関しご助力を得た。

また、本書校正時に本州四国連絡高速道路株式会社多田羅隆仁広報課長、同臼田幸生調査情報課長の両氏から新たな資料の提供、アドバイス等を得た。そのほかに明石海峡大橋に関係された多くの方からもご支援、ご協力をいただいただき、ここに感謝申しあげます。

最後に本書出版にあたり、前著『明石海峡大橋—夢は海峡を渡る—』（1998 年刊）のときからお世話になっている鹿島出版会の橋口聖一氏に多大のご協力をたまわったことを深く感謝します。

2018 年 7 月

島田 喜十郎

著者紹介

島田 喜十郎（しまだ きじゅうろう）

土木学会フェロー会員、工学博士、技術士

1931 年大阪市に生まれる。京都大学大学院で橋梁工学を専攻。1959 年夢のかけ橋（明石海峡大橋）建設提唱者、原口神戸市長を慕い神戸市に入る。都市計画街路の計画、神戸大橋等の港湾施設の建設をはじめ、明石海峡大橋の建設促進および架橋の可能性の技術調査業務に従事。阪神高速道路公団、本州四国連絡橋公団に出向し実務経験を積む。

本州四国連絡橋公団には 1973 年から 1979 年の 7 年間勤務し、第一建設局では大鳴門橋の着工準備、明石海峡大橋の現地調査、構造検討業務を担当する。本社においては本四 3 ルートの設計基準類、技術的問題点の研究、検討業務にたずさわる。最後は垂水工事事務所長として、明石海峡大橋の実現にむけての業務に専念する。

1992 年神戸市定年。大阪工業大学非常勤講師、建設会社理事、橋梁会社技監、建設コンサルタント島田構造物研究所所長等を経て、現在、講演・執筆活動中。

1998 年より約 10 年間本四公団［現・本州四国連絡高速道路（株）］の橋の科学館で橋のマイスターとして、週 1 回ボランティア解説員を務める。

主な著書：『明石海峡大橋 夢は海峡を渡る』（鹿島出版会）1998 年、『余白のうめ草』（友月書房）2005 年、『熟年留学－人生二毛作の創出－』（友月書房）2011 年

[新版] 明石海峡大橋（あかしかいきょうおおはし）
夢を実現し、さらなるロマンを追う

2018年9月10日　第1刷発行

著　者　島田喜十郎（しまだきじゅうろう）

発行者　坪内文生

発行所　鹿島出版会
104-0028　東京都中央区八重洲2丁目5番14号
Tel. 03(6202)5200　振替 00160-2-180883

装幀：石原 亮　DTP：編集室ポルカ　印刷・製本：壮光舎印刷

ISBN 978-4-306-09449-9　C0051　Printed in Japan

本書の内容に関するご意見・ご感想は下記までお寄せください。
URL：http://www.kajima-publishing.co.jp
E-mail：info@kajima-publishing.co.jp